웃으며 읽을 수 있는
# 마법의 수학

이케다 요스케 池田洋介 지음
김영란 옮김

우듬지

## 들어가며

**읽기만 해도 수학이 좋아지고
세상을 보는 눈이 달라진다!**

'남의 샅바를 매고 씨름한다'는 말이 있다. 잘 생각해보면 좀 꺼림칙하다. 다른 사람에게 뭔가를 부탁받았을 때 부담 없이 빌려줄 수 있는 것은, 손수건 정도가 아닐까? 체육복만 돼도 많이 주저하게 된다.

그런데 '샅바'라니. 샅바는 씨름에서 '남성의 주요 부위'를 단단히 잡아준다. 남에게 빌려주고 싶지 않을 뿐더러 행여 실수로라도 남의 샅바를 매는 건 질색이다.

틀림없이 최고로 '별로인' 기분을 뜻하는 말일 거라 생각했는데, '남이 이루어 놓은 것을 이용해서 이익을 얻는다'가 본래 의미라고 한다. 남의 샅바를 매는 것이 왜 나에게 이익이 되는 것인지 도통 모르겠다.

'수학에 흥미가 없는 사람도 재미있게 읽을 수 있는 수학책'을 써보지 않겠느냐는 제안을 받았을 때, 이전부터 생각해 오던 것이라 흔쾌히 승낙했다.

그러면서도 한편으로는 이미 시중에 비슷한 책들이 많이 나와 있다는 생각이 스쳤다. 이제 와서 책을 쓴다고 해도 다른 사람들이 충분히 다룬 내용들을 재탕하는 것밖에는 되지 않는 것 같았다. 마치 '남의 샅바를 매고 시합에 나가는 것'과 다를 바 없어 썩 내키지 않았다.

그래서 이 책을 쓸 때 나는 스스로 두 가지를 약속했다. 첫 번째, 뻔한 주제일지라도 거기에 내 나름의 새롭고 예리한 분석을 더하자.

사실 나는 수학강사이면서 프로 공연자로 활동하고 있다. 공연이라고 하면 여러 가지가 있겠지만 내가 하는 쪽은 '저글링', '마술', '팬터마임' 등을 조합한 독창적인 성격이 강하다. 감사하게도 외국에서도 반응이 좋아 지금은 유럽을 중심으로 여러 나라에서 공연하고 있다.

공연의 세계에서는 '얼마나 남들과 다른 눈을 지녔는가'가 그 공연자의 정체성이 된다. 흔하디흔한 풍경이 프로 사진 작가의 독창적인 앵글에 들어오는 순간 전혀 새로운 것으로 보이는 것처럼, 일상의 다른 모습을 관객에게 전달하는 것이야말로 진정한 공연이라고 할 수 있다. 바로 남들과 다른 '눈'에 진짜가 있다고 생각한다.

일상을 '수학강사의 눈'으로, 그리고 수학을 '공연자의 눈'으로 다시금 본다. 세상을 보는 '눈'을 연마해 나가면 식상한 수학 이야기도 신선한 빛을 낼 수 있는 법이다.

두 번째, 이해하기 쉽게 설명하는 것을 중시하되 중요한 수학적 개념은 빠뜨리지 않고 충분히 설명한다. 때에 따라 '이해하기 쉬운 설명'은 '쉬운 말로만 쓰여 있는 설명'이 되기 쉽다.

안타깝게도 수학은 어렵고 따분하다. 하지만 이 역시 부인할 수 없는 수학의 일부이기도 하다. 그런데 어렵다는 이유로 얼버무리면 도리어 수학의 매력을 반감시키는 꼴이 되어버린다.
 그런 이유에서 수학적으로 약간 어려운 개념도 피하지 않고 가능한 한 설명하려는 자세를 취했다. 사전 지식이 없어도 이해할 수 있으니 겁먹지 않아도 된다. 이 책에 나오는 수식은 중학생 수준의 수학 지식만 있으면 충분히 이해할 수 있다.
 그렇지만 '수식만 봐도 머리가 아프다'는 사람은 그것을 '원시인이 동굴에 그려 놓은 벽화나, 외계인이 보낸 메시지' 정도로 생각하고 넘어가도 괜찮다. 무엇이든 새로운 것을 배울 때는 일단 머릿속의 '모르겠음 폴더'에 넣어두고 그 다음으로 넘어가는 것도 요령 중 하나다.
 그렇게 해도 전체 내용을 파악하는 데 아무런 문제가 없을 뿐더러 어느 순간 폴더 속의 내용이 다른 무엇과 연결되어 '아, 알겠다!'로 변하게 될지도 모른다. 배움이란 그런 것이다.
 이렇게 '아마추어 수학자이면서 동시에 프로 공연자인 내가, 나만의 삽바를 매고 고군분투하며 써 내려간 독특한 수학책'이 탄생했다. 이 책에는 어떤 때는 웃으면서, 또 어떤 때는 머리를 짜내면서 재미있게 읽어 내려갈 수 있는 33가지 '이야기'를 한데 모아놓았다.
 각 항목은 서로 연결된 것도 있지만, 기본적으로 하나하나 독립된 이야기이니 순서에 상관없이 흥미로운 것부터 읽어보기 바란다.

  이 책을 다 읽은 후 독자 여러분에게 수학이라는 존재가 '남'도, '신의 영역'도, '철천지원수'도 아닌 '제사 때만 만나는 약간 어색한 친척 아저씨' 정도로 친밀해진다면 저자로서 더 바랄 것이 없겠다.

지은이 이케다 요스케(池田洋介)

**차 례**

**들어가며** 읽기만 해도 수학이 좋아지고 세상을 보는 눈이 달라진다! · 2

## 제 1 장  상식을 뒤집는 수학 이야기

모두가 100퍼센트 만족하는 케이크 나누기 ① · 10
모두가 100퍼센트 만족하는 케이크 나누기 ② · 16
판초콜릿을 '영원히' 먹을 수 있는 방법 · 22
드래곤 퀘스트에 숨겨진 진실 · 27
여권의 도장과 '한붓그리기' 문제 · 34
달리기랑 라디오랑 칵테일이랑 · 41
에스컬레이터의 '한 줄 서기'는 효과가 있을까? · 46

## 제 2 장  인생에서 정말로 쓸모 있는 수학 이야기

일상 속에 존재하는 알고리즘 · 56
미술관의 모든 전시물을 효율적으로 관람하는 방법 · 60
티끌도 모으면 정말로 태산이 될까? · 69

샴페인 타워의 불편한 진실 · 76

'궁상맞은' 샴페인 타워 · 84

묘지 근처에서 교통사고가 자주 발생하는 이유 · 93

우리를 감쪽같이 속이는 통계 데이터 · 98

사람들은 왜 '열흘에 1할의 고리'를 대수롭지 않게 여길까? · 105

## 제 3 장 | 교과서에 실렸으면 하는 수학 이야기

'불행의 편지'가 증가하는 메커니즘 · 112

은메달리스트의 서러움 · 121

효율적인 '전체 순위 결정' 방식을 고안하다 · 128

사다리 타기에 담긴 '수학' · 134

'사다리 타기'와 버블 정렬 · 142

비즈니스 호텔의 수도꼭지는 왜 물 조절이 어려울까? · 151

무의식이 만들어내는 '질서'의 불가사의 · 157

**제 4 장** │ **매력으로 똘똘 뭉친 수학 이야기**

'직선이 그려내는 곡선'의 예술 · 166

실수 없이 '인문자(人文字)' 만드는 방법 · 172

루비 큐브는 돌고 돈다 · 180

전자계산기가 패미컴을 이긴 날 · 184

전자계산기로 들여다본 무한의 세계 · 189

복사 용지의 비밀 · 197

'황금비율'이라는 말의 착각 · 204

마음을 쿵 내려앉게 만드는 '섬뜩함의 계곡' · 211


'알지 못한다'는 자세가 과학을 움직인다

- 후기를 대신하여 - · 219


○ **이런 곳에도 수학 이야기가** ○

　마을의 모든 다리를 '한 번씩'만 건너라! · 53

　합리적인 로봇 청소기의 모양을 찾다 · 163

제1장

# 상식을 뒤집는
# 수학 이야기

# 모두가 100퍼센트 만족하는 케이크 나누기 ①

메뉴를 주문하면 밥은 무한 리필이 되는 식당이 있다. 한창 먹을 나이의 젊은 사람들에게는 굉장히 고마운 서비스다.

그런데 어떤 손님이 불만을 제기한다.

"나는 체격이 작아서 많이 먹지 못하기 때문에 밥을 리필할 일이 없다. 그런데도 많이 먹는 사람과 똑같은 금액을 지불하는 것이 이해가 안 간다."

손님의 불만사항을 받아들여 식당에서는 리필분에 대해 추가 요금을 받기로 했다.

이런 이야기를 들을 때마다 사람의 심리는 참으로 묘하다는 생각이 든다. 무한 리필은 확실히 많이 먹는 사람에게는 이득이지만, 그렇다고 해서 리필하지 않는 사람이 손해를 보는 것은 아니다.

그런데도 '남이 득을 보는 것'을 '자신이 손해를 본다'고 해석하는 심리가 작용하는 것 같다.

  자, 여기서는 '**모두가 100퍼센트 만족하는 케이크 나누는 방법**'을 다루어 보겠다. 독자는 아마도 '동그란 케이크를 정확하게 3등분 또는 4등분하는 이야기'를 하려나 보다 생각할 것이다. 요즘은 스마트폰으로 케이크를 촬영하면 가장 알맞게 자르는 방법을 알려주는 애플리케이션도 있는 모양이다.

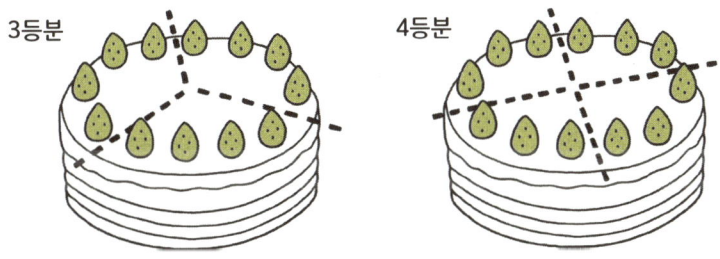

  한데, '정확히 나누는 것'과 '모두가 100퍼센트 만족하는 것'은 별개의 문제다. 방금 이야기한 애플리케이션으로 케이크를 정확히 잘라서 모두 나눠 가졌다고 하자.

  누군가 다른 사람의 케이크를 보고 '내 것보다 커 보이네! 혹시 애플리케이션에서 시키는 대로 하지 않고 자기 몫을 더 크게 자른 거 아니야?' 하는 의심이 드는 순간 불만이 생긴다.

  다들 '100퍼센트 만족하는' 것을 **모두가 '내 몫이 남의 몫보다 작지 않다**

==(크든지, 아니면 같든지)고' 여기는 상태==라고 정의해보자. 과연 이렇게 명쾌한 상태를 끌어낼 수 있을지 의문이 들겠지만, 실제로 두 사람이 케이크를 나누는 경우에는 예전부터 알려진 단순한 해결법이 있다.

==**한 사람이 자르고, 나머지 한 사람이 고른다.**==

이른바 '자르고 고르기(Cut-and-Choose)' 원리다. 자르는 사람은 어느 쪽을 가져오게 되더라도 손해를 보지 않도록 케이크를 똑같은 크기로 나누려 한다. 반면, 고르는 사람은 조금이라도 더 커 보이는 것을 고르려 한다. 결과적으로 양쪽 모두 자기 것이 '절반 이상', 즉 '상대의 것보다 작지 않다'라고 생각해 만족하게 된다.

그렇다면 두 명이 아니라 세 명의 경우는 어떨까? 앞의 방법을 세 명으로 확장해보자.

A, B, C가 있다. 한 가지 생각해낸 방법은 이렇다. 먼저 A와 B가 '자르고 고르기' 원리로 케이크를 두 조각으로 자른 뒤 나누어 가진다. 그런 다음 A와 B는 자기 것을 다시 세 조각으로 나눈다. 마지막으로 C가 A, B의 세 조각 중에서 가장 크다고 생각하는 것을 한 조각씩 가져온다.

　순서대로 살펴보자. 처음에 두 조각으로 나눈 방법에서는 앞서 설명했듯이 A와 B가 모두 자기 것이 '절반 이상'이라고 믿는 게 가능하다.
　더욱이 A와 B는 (C가 어느 조각을 가져가도 괜찮도록) 자기 것을 정확히 3등분하려고 한다. 그래서 C가 어떤 것을 골라 가도, 자기 몫으로 1/2 ×2/3 = 1/3 이상이 남는다고 여길 것이다.

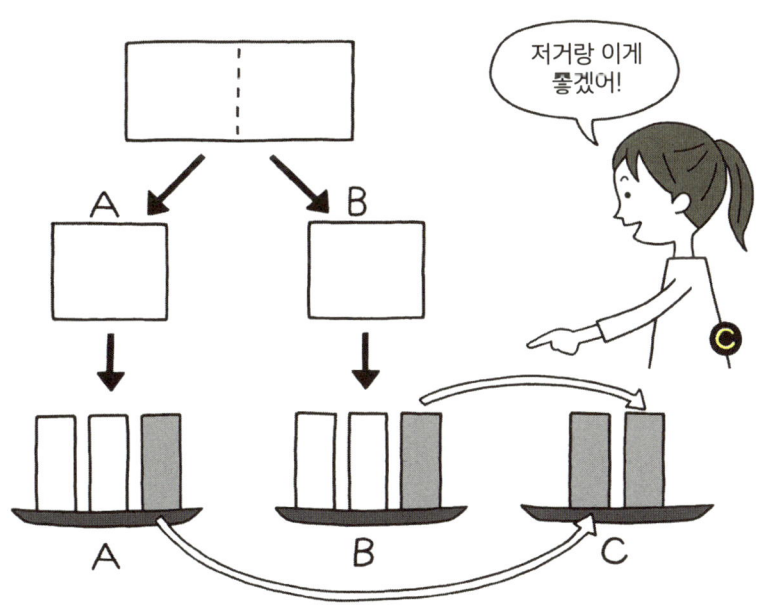

한편, C는 A와 B의 것에서 각각 1/3 이상이라고 생각하는 조각을 골라 왔기 때문에 당연히 그것들을 합하면 전체의 1/3 이상이라고 믿을 수 있다. 결과적으로 모두 '자기 몫이 전체의 1/3 이상'이라고 여기게 된다.

과연 이만하면 됐어. 한 건 해결……<mark>이라고 할 수 있을까?</mark>

분명히 이 방법으로 모두가 '내 몫이 전체의 1/3이다'라고 생각할 수 있지만, '다른 사람 게 내 거보다 많은 게 아닌가?' 하는 의심은 떨칠 수 없다.

A는 이렇게 생각할지 모른다.

'어쩌면 B와 C가 편을 먹고, B가 일부러 한 조각을 더 크게 잘라놓고

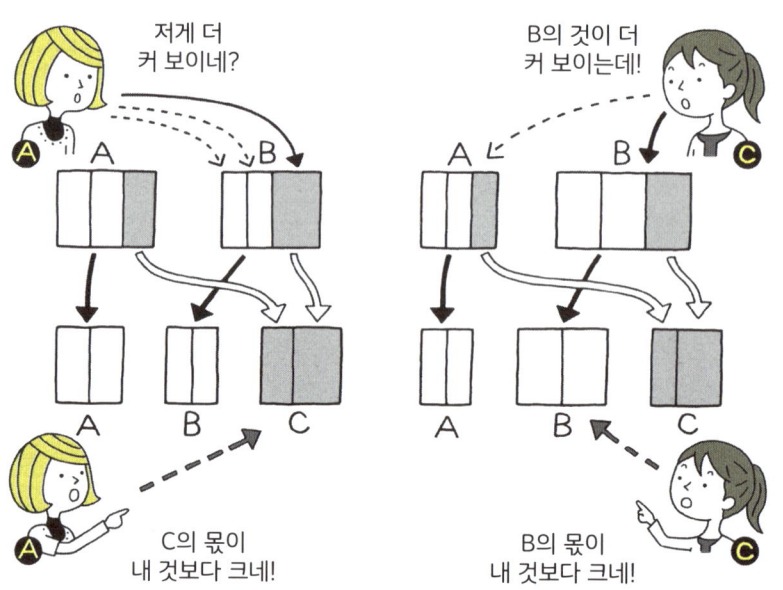

C가 그것을 고르게 했을지도 몰라. 그러면 C가 가져간 조각이 내 것보다 클 수도 있어.'

마찬가지로 B도 같은 의심을 품을 수 있다. 또 C는 이렇게 생각할지 모른다. 'A와 B가 편을 먹고, A가 B에게 일부터 큰 것을 고르게 했을지도 몰라. 그러면 B가 가져간 조각이 내 것보다 클 수도 있어.'라고.

즉, 이 방법으로는 모두의 불만을 없앨 수 없다. 서두에 설명한 '자기가 손해를 보지 않더라도 남이 이득을 보는 것은 싫다'는 식의 골치 아픈 인간 심리가 작동했기 때문이다.

개인적으로 봤을 때 여기서 최선책은 '그냥 잠자코 먹는 것'이지만, 인내심 강한 수학자들은 이런 불만마저 잠재울 수 있는 방법을 고안해 냈다. 이제부터 그 방법을 자세히 설명하려 한다.

# 모두가 100퍼센트 만족하는 케이크 나누기 ②

　모두가 100퍼센트 만족하는 케이크 나누기는 수학 문제 같지만 어찌 보면 인간 심리, 더 나아가 사회제도와도 관련이 있다는 점에서 아주 흥미롭다.

　만약 세 명 모두 자비로운 부처님의 마음으로 '약간의 불이익쯤은 그냥 넘어가 준다'면 원만하게 해결될 것이다. 모두 성실하고 타인의 성실성에 대해서도 한 치의 의심 없이 신뢰하는 사회라면 애초에 문제는 생기지 않을 것이다.

　그러나 안타깝게도 사람은 남보다 많이 가지고 싶어 하고, 앞서고 싶어 하며, 누군가 이득을 보는 것을 참지 못한다. 그래서 사회에 규칙이 필요한 법이다.

　자기 자신만 아는 이기적인 행동을 방지하려면 어떤 규칙이 필요할까?
　이상적인 방법은 '자신을 위한 행동을 하면 할수록 결국 모두에게 득

이 되는' 규칙을 만드는 것이다. 앞서 소개한 '자르고 고르기'의 원리가 바로 여기에 해당한다.

'자르고 고르기' 규칙에서는 공평하게 행동해야만 내가 유리해지기 때문이다. 그런 면에서 굉장히 합리적이다.

A, B, C 세 명이 케이크를 나눌 때도 이와 같이 이상적인 규칙을 만들 수 있지 않을까?

세 명 모두 자신 이외의 누구도 믿지 않고, 항상 자신에게 유리하게 행동하는 지극히 이기적인 존재라고 가정했을 때, 결과적으로 모두에게 이익이 되는 규칙이 과연 존재할까?

다음의 설명을 찬찬히 읽어가며 확인해보기 바란다. 먼저 A가 케이크를 세 조각으로 나눈다. B는 이 세 조각 중에서 가장 큰 조각이 어떤 것일지 생각한다.

만약 가장 큰 조각이 두 개 이상이라고 생각할 경우 (즉, '세 조각이 모두 동일한 크기' 또는 '한 조각만 작고, 나머지 두 조각은 같은 크기'라고 생각한 경우) B는 아무 이의 없이 '패스'라고 말한다.

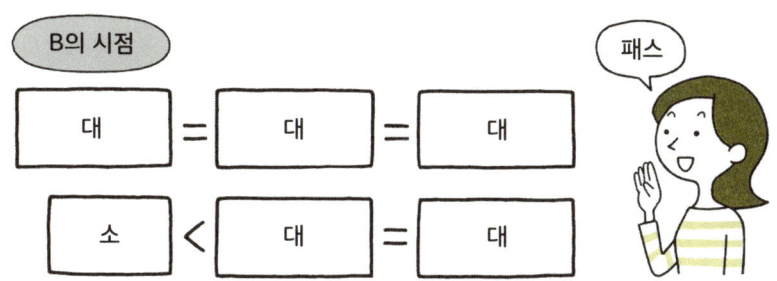

B가 '패스'라고 말한 경우 C→B→A순으로 케이크 조각을 고른다. 이제 문제가 해결되었다.

이유를 살펴보자. C는 세 조각 중에서 가장 크다고 생각하는 것을 고른다. B는 C가 어느 것을 고르더라도, 자신이 가장 크다고 생각한 조각이 적어도 한 개는 남아 있기 때문에 그것을 고르면 된다. A는 자기가 잘랐기 때문에 어느 것이 남아도 불만이 없다. 그러므로 세 명 모두 확실히 '만족하는' 나누기가 되는 것이다.

이번에는 B가 '패스'하지 않은 경우를 생각해보자. A가 잘라서 나눈 세 조각 중에 가장 큰 조각이 한 개(뿐이라고 B가 생각한)인 경우다.

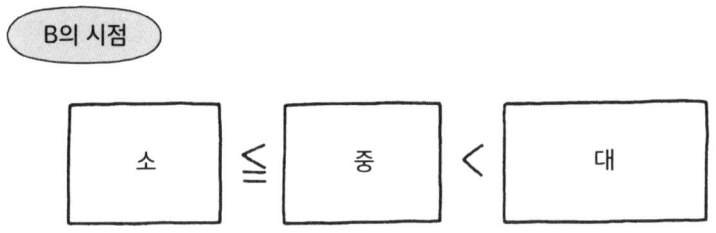

이때 가장 큰 조각을 P, B가 두 번째로 크다고 생각한 조각을 Q, 남은 한 조각을 R이라고 하자(Q와 R은 크기가 같을 가능성도 있다).

이 경우 B는 P를 조금 잘라내서 Q와 같은(같다고 생각하는) 크기가 되도록 만든다. 그리고 P에서 잘라낸 것을 L, 남은 부분을 P'라고 하자.

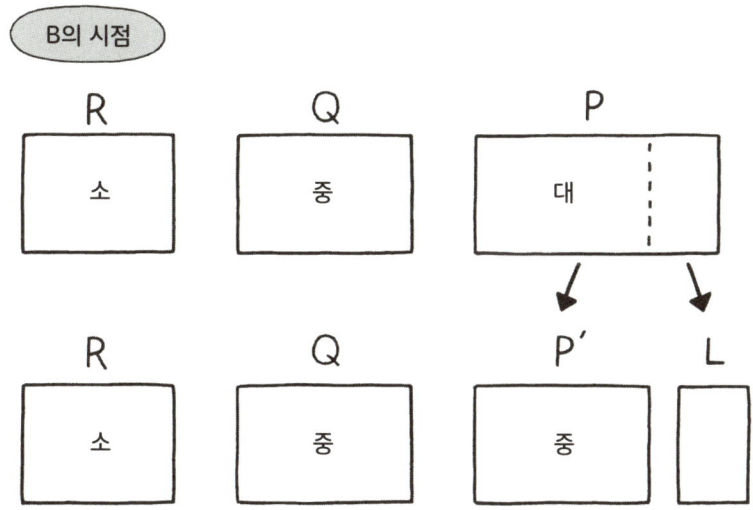

 L은 일단 옆으로 밀어 놓은 다음, P′, Q, R을 C→B→A순으로 고른다. 단, C가 P′를 선택하지 않고 **남겨 둔다면 B는 반드시 P′를 고르는 것으로** 한다. 그런 경우 L을 뺀 부분에 대해 모두가 자신이 고른 것에 만족하게 된다.

 C는 세 조각 중에서 가장 크다고 생각하는 것을 고르고, B는 C가 어느 것을 골라도 P′ 또는 Q 둘 중에서 하나를 고를 수 있다. A는 자신이 잘랐기 때문에 Q와 R 어느 것이 남아도 불만이 없다.

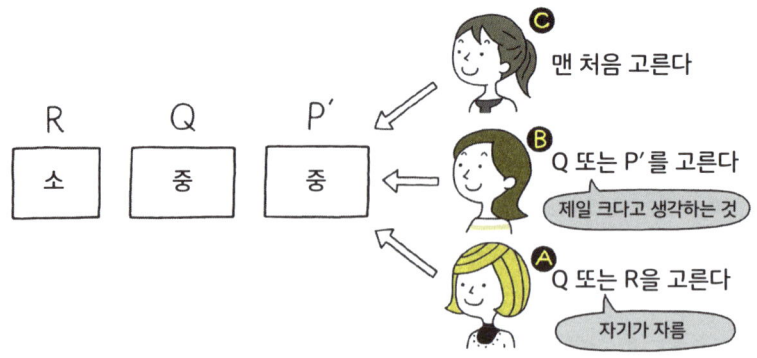

자, 이제 남아 있는 L을 다루어보자. B와 C 둘 중에서 'P'를 고른 사람'을 X, 고르지 않은 사람을 Y라고 하자. Y가 L을 다시 세 조각으로 나누고 그것을 X→A→Y순으로 고르면 모두가 만족할 수 있다.

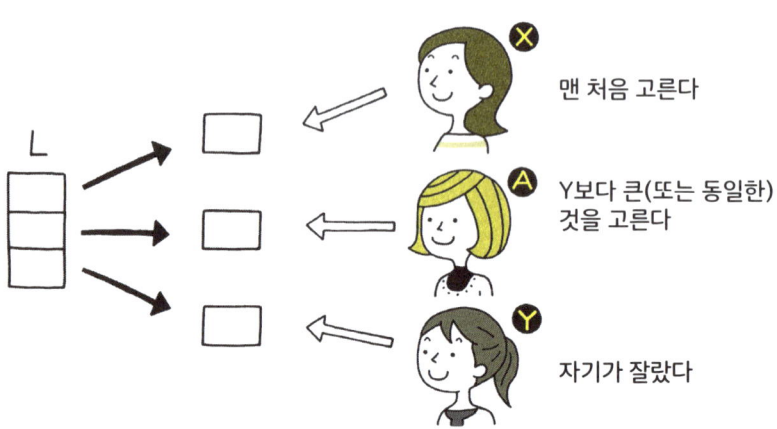

이유는 이렇다. X는 맨 처음에 골랐기 때문에 당연히 불만이 없다. A는 X가 자기보다 큰 것을 고를 가능성이 있지만 크게 상관없다.

왜냐하면 ==A가 처음에 케이크를 세 조각으로 나눈 시점에서 보면 'P'와 L을 합한 것(P)'이 Q 또는 R과 같은 크기==라고 생각하기 때문이다. P'를 고른 X가 L에서 어느 것을 택해도 (만약 L을 다 가져가도) 자기 것보다 많을 리 없다고 생각한다.

마지막으로 Y는 케이크를 자신이 잘랐기 때문에 어느 것을 골라도 불만이 없다.

이상으로 세 명 모두 '100퍼센트 만족하도록' 케이크를 나누었다. 물론 세 명이 이 개념을 이해해야 가능한 일이지만.

수학자는 여기서 만족하지 않고, $n$명이 케이크를 나누어 먹는 경우까지 밀고 나갔다. 다만, 그렇게 되면 케이크가 형체를 알아볼 수 없을 정도로 잘게 부서질 텐데 과연 누가 먹고 싶어 할지 의문이다.

참고로, 매우 간단하고 쉬운 것을 뜻하는 영어 표현 '케이크 조각(Piece of Cake)'은 이 주제를 마무리하기에 절묘한 반어적 비유 같다.

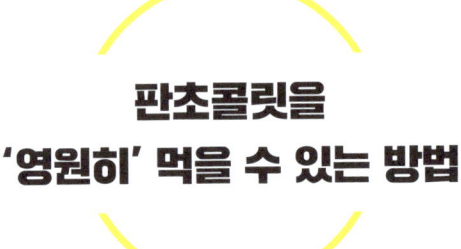

# 판초콜릿을 '영원히' 먹을 수 있는 방법

먼저 다음 그림을 살펴보자.

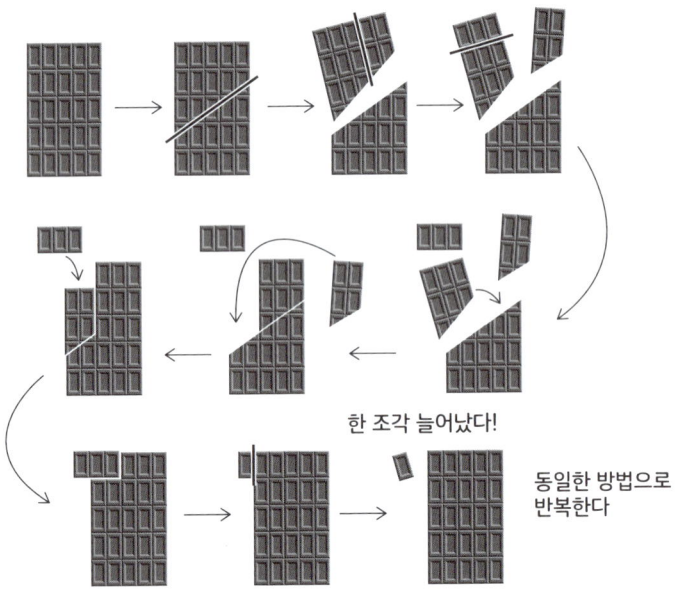

한 조각 늘어났다!

동일한 방법으로 반복한다

왼쪽 페이지 그림은 <mark>판초콜릿을 잘라서 재배열만 해도 한 조각이 늘어나는 획기적인 방법</mark>을 나타낸 것이다.

사실은 내가 트위터에 '【라이프 핵】판초콜릿을 영원히 먹을 수 있는 방법'이라는 제목으로 올렸다가 전 세계로 퍼져 나간 그림이다.

당연히 진짜일 리 없다. 곧이곧대로 믿는 사람들이 꽤 있는 모양인데, 호기심이 발동해서 진짜 잘라보았다는 사람들도 잇따라 나왔다. 제대로 되지 않자 '사기'라는 둥, '야바위'라는 둥 화를 내는 사람도 있었다. 하지만 대다수는 그림의 의도를 충분히 이해하고 '이와 같은 착시 현상이 어떻게 생겨나는지' 도형 퍼즐을 통해 즐겼을 것으로 생각한다.

이제 어떻게 된 것인지 파헤쳐보자. 만약 이 그림을 처음 접했다면, 그 전에 찬찬히 생각해볼 것이 있다.

재배열을 통해 도형의 면적이 늘었다 줄었다 하는 속임수는 이전부터 '소실(출현) 퍼즐'이라는 이름으로 알려져 있다. 여기서는 가장 기본적인 원리를 실명해보겠다. 다음 그림을 살펴보자.

아래의 그림처럼 4개의 선이 그어져 있는 사각형 종이가 있다.

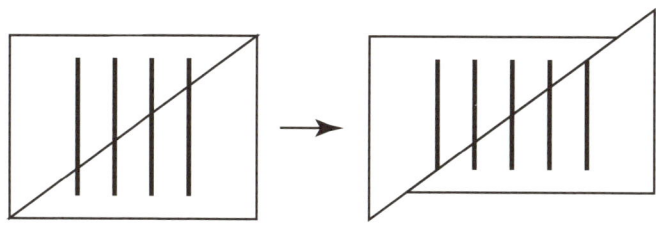

종이를 사선으로 자른 후 오른쪽 그림처럼 '비스듬히 겹치지 않게' 배치하면, 신기하게도 4개였던 선이 5개가 된다.

그렇다면, **다섯 번째 선은 대체 어디서 나온 걸까?** 다음 그림을 보면서 의문을 풀어가 보자.

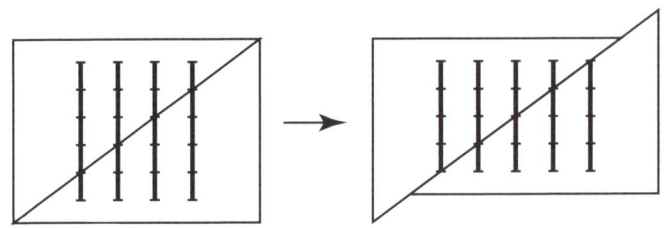

앞 그림의 선에 동일한 간격으로 눈금을 그려 넣는다. 처음 4개의 선에는 '눈금 간격이 5개'지만 두 번째 그림의 5개의 선에는 '눈금 간격이 4개'인 것을 알 수 있다.

하지만 '5개의 눈금 간격×4개의 선'과 '4개의 눈금 간격×5개의 선'은 각각 20개로 전체 개수에는 변함이 없다. 무(無)에서 생겨난 것처럼 보이지만 사실 다섯 번째 선은 **다른 선들로부터 조금씩 조달받은 것**이다.

판초콜릿이 늘어난 원리도 기본적으로 이와 동일하다. 이해하기 쉽게 초콜릿을 5×5 정사각형이라고 하자. 판초콜릿의 단면을 정확히 그려보면 다음과 같다.

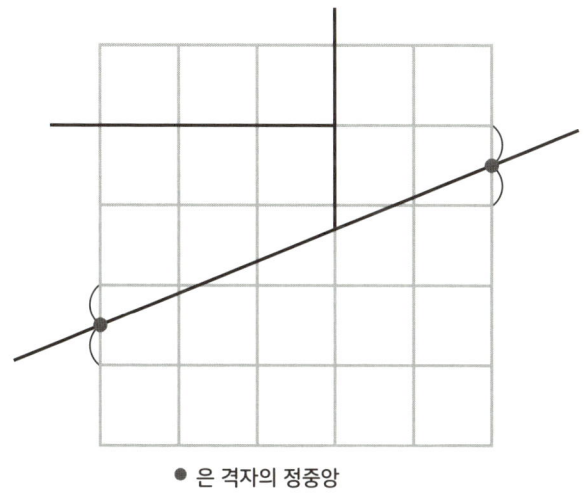

● 은 격자의 정중앙

단면을 재배열하면 판초콜릿의 격자 하나만큼의 조각이 늘어난다……는 이야기지만, 사실 여기에는 눈속임이 있다. 재배열하고 난 후의 사각형은 처음보다 높이가 줄어 있다.

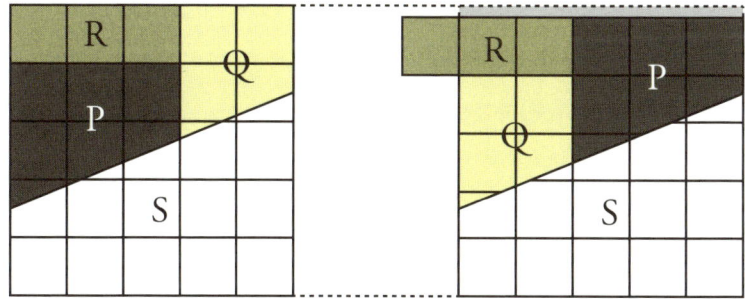

정확히 계산해보면 0.2만큼 높이가 줄어들었다. 따라서 줄어든 전체 면적은 0.2×5=1이 된다. 그만큼이 왼쪽에 삐져나온 격자 하나만큼의 초콜릿 조각이기 때문에 플러스마이너스 제로인 셈이다.

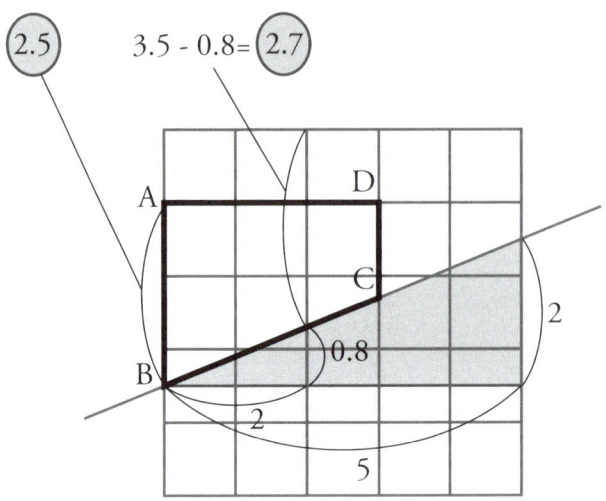

다시 말해, <mark>초콜릿은 늘지도 줄지도 않았다.</mark> 초콜릿 무한증식이라는 '달콤한' 꿈은 질량보존이라는 쓰디쓴 물리법칙 앞에 무릎을 꿇고 말았다.

이제 원리를 파악했으니 22페이지 그림으로 돌아가보자. 사실 22페이지 그림에서 변형된(커진) 부분이 있다. 어디가 바뀌었는지 잘 찾아보기 바란다.

# 드래곤 퀘스트에 숨겨진 진실

'드래곤 퀘스트(중세의 기사가 마왕을 물리치는 롤플레잉 게임-옮긴이)'라고 하면 일본에서는 이미 모르는 사람이 없을 정도로 초절정의 인기를 누리는 게임이다.

내가 초등학생 때 첫 번째 버전이 나왔다. 지금과는 비교도 안 될 정도로 그래픽이 엉성하고 주인공은 항상 정면을 바라보았다. 옆으로 이동할 때는 게걸음으로 간다든지, 옆사람과 이야기할 때도 고개를 돌리는 방향까지 설정해야 했다.

두 번째 시리즈에서는 드래곤 퀘스트 게임 역사상 일대 혁명이 일어난다. 게임 중간에 '배'를 구할 수 있어 '육지'에만 국한되었던 행동반경이 '바다'로까지 넓어졌다.

그때까지 세상의 끝인 줄 알았던 바다를 직접 이동할 수 있게 된 것이다. 당연히 호기심이 발동했다. '만약 바다 끝까지 가본다면 세상은 어떤

모양일까?'

걱정과 두려움을 안고 대서양을 향해 서쪽으로 항해했던 콜럼버스처럼 계속해서 지도의 왼쪽으로 나아갔다.

그런데 결과는 생각보다 싱거웠다. 왼쪽 끝에 도달한 배는 다음 순간 지도의 오른쪽에서 등장했다. 마찬가지로 지도의 위쪽으로 넘어간 배는 아래쪽에서 나타났다. 지도의 좌우, 상하가 연결되어 있었던 것이다.

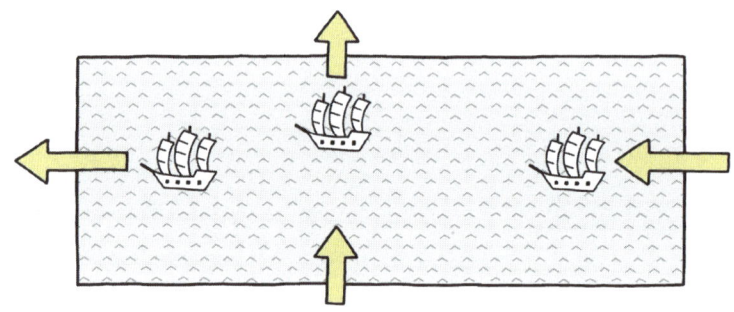

애초에 '끝'은 없었다. 반쯤은 실망했고 반쯤은 납득이 갔다. 요컨대 **드래콘 퀘스트의 세상은 우리가 사는 지구와 같은 '구형'이었다**.

그로부터 10년이 흘러 나는 대학생이 되었고 기하학을 배우면서 드래콘 퀘스트의 세상이 '구'가 아닐지도 모른다는 강한 의문이 들었다. 드래콘 퀘스트 세상의 '불편한 진실'에 눈을 뜬 것이다.

보다 쉽게 이해하기 위해 드래콘 퀘스트의 세상이 모두 바다로 되어 있고, 배로 어디든지 갈 수 있다고 해보자. 지도의 정중앙에서 출발하여 왼쪽으로 계속 가다 보면 어느 사이엔가 지도의 오른쪽에서 등장해 다시 처음의 장소에 도착한다.

배가 한 바퀴 도는 경로를 편의상 드래곤 퀘스트 세상의 '적도'라고 부르자. 지구의 '적도'와 같은 개념이다.

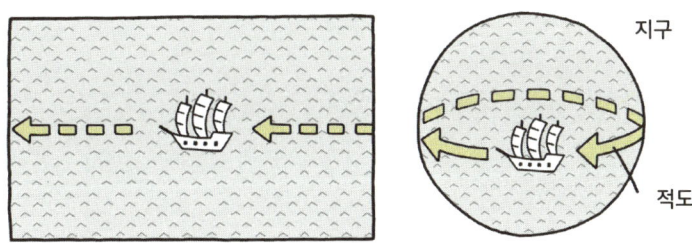

지구는 적도를 기준으로 북반구와 남반구가 구분된다. 적도는 두 반구의 경계선이며 북반구에 있는 사람이 적도를 가로지르지 않고서는 남반구로 넘어갈 수 없다. 마찬가지로 남반구에 있는 사람도 적도를 가로지르지 않으면 북반구로 넘어갈 수 없다.

적도를 사이에 두고 각기 다른 반구에 속한 두 지점 A, B를 설정한다. **A에서 출발하여 B에 도착하려면 중간에 반드시 '적도'를 지나가야 한다**는 점을 기억하자.

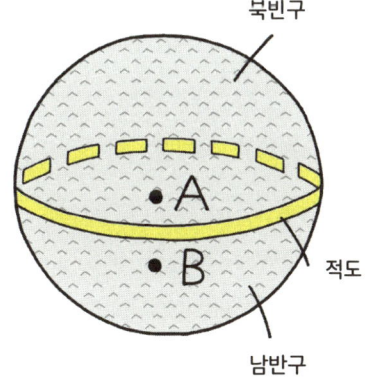

그렇다면 드래곤 퀘스트의 세상에서는 어떨까? 방금 전처럼 적도를 사이에 두고 두 개의 점 A, B를 찍는다. 이 두 점은 서로 다른 반구에 속해 있는데도 A지점에 있는 사람이 위쪽으로 계속해서 올라가면 지도의 아래쪽에서 나타나……B지점에 도달한다.

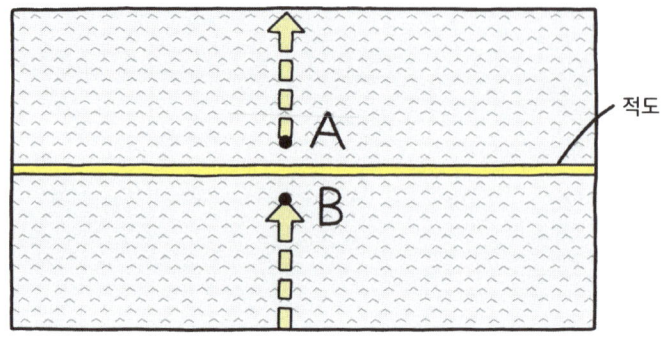

이때 **적도를 가로지르지 않는다**는 사실에 주목하기 바란다. 지구의 경우라면 절대 일어날 수 없는 일이다. 그러니까 '드래곤 퀘스트의 세상은 구가 아니다'는 말이다.

뜻밖에도 이야기가 재미있어졌다. 그렇다면 드래곤 퀘스트의 세상은 어떤 모양일까? 마찬가지로 여기서도 이론적으로 밀고 나가보자.

직사각형의 종이가 필요하다. 드래곤 퀘스트 지도에는 31페이지 상단의 그림처럼 왼쪽 가장자리에 세 개의 점 A, B, C와 오른쪽 가장자리에 이와 짝을 이루는 세 개의 점 A′, B′, C′가 있다. 종이의 상단에도 세 개의 점 P, Q, R과 하단에 이와 짝을 이루는 P′, Q′, R′가 있다.

풀칠을 해서 각각의 점을 연결하여 붙인다. 풍선처럼 탄력 있는 소재의 종이를 준비해 접어도 찢어지지 않도록 하자.

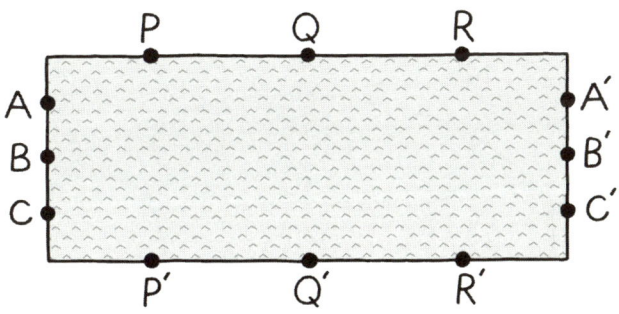

먼저 A, B, C와 A′, B′, C′를 연결하면 다음 그림과 같이 원통이 된다.

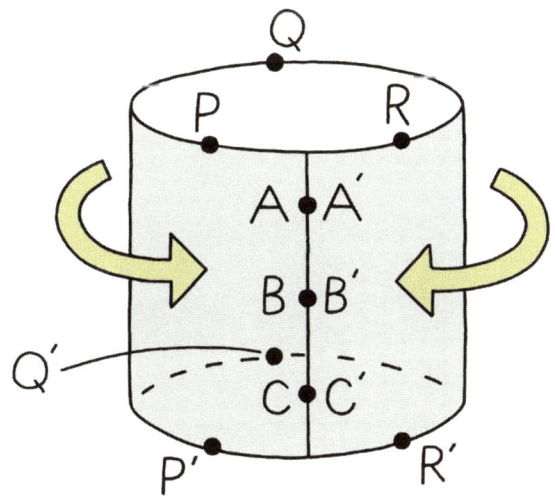

이때 P, Q, R과 P′, Q′, R′는 원통의 양 끝에 위치하게 된다.
　다음은 이 세 점을 서로 연결할 차례다. 원통을 길게 늘인 다음 구부려서 양 끝을 연결한다.

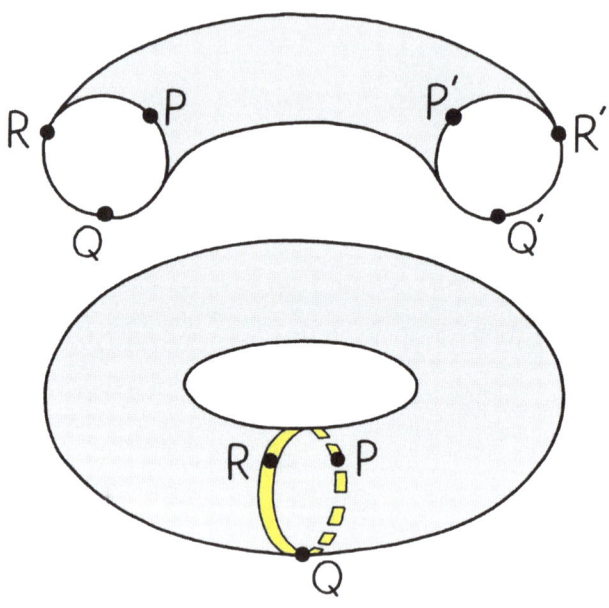

　'도넛'과 똑같은 모양이 완성된다. '지구는 '구형'이라고 주장한 아리스토텔레스처럼 나 역시 소리 높여 외치련다. **'드래곤 퀘스트의 세상은 도넛 모양이다!'**라고.
　물론 당장은 이 주장을 받아들이기 힘들 것이다. 하지만 드래곤 퀘스트의 세상이 도넛 모양이라고 가정하면 앞서 이야기한 '불편한 진실'도 말끔히 해결된다.

도넛 모양에서는 적도를 사이에 두고 두 점이 있을 때 구멍 쪽으로 이동하는 경로를 취하면 적도를 통과하지 않고도 만날 수 있다.

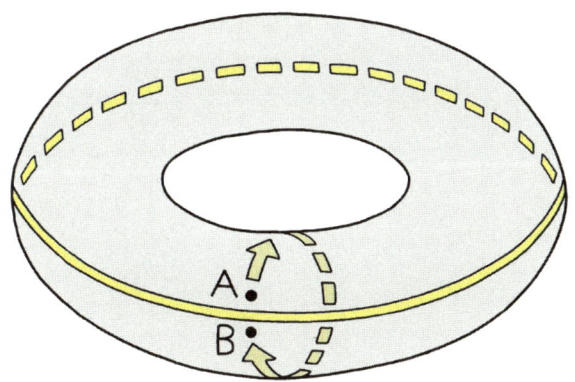

이쯤 되면 또 다른 호기심이 발동할 것이다. 만약 도넛 모양의 행성이 있다고 치고, 구멍 안쪽에 사는 사람들이 하늘을 올려다봤을 때 반대편 사람들은 거꾸로 서 있는 것처럼 보일까? 낮과 밤은 어떻게 나누어질까? 더 나아가 중력은 어떻게 작용할까?

이과 성향의 사고로 판타지 세계의 깊이를 확장해 나가는 것은 정말 재미있다. 물론 게임 개발자가 이런 것까지 의도하고 지도를 만들었을지는 의문이지만…….

# 여권의 도장과 '한붓그리기' 문제

공연자들은 직업 특성상 외국의 여러 도시를 방문하는 일이 많다. 어느 나라를 가더라도 '입국'하고 '출국'할 때 심사를 통과해야 한다. 심사를 통과하면 여권에 도장을 찍어주는데, 입국과 출국에 문제가 없다는 증명이다.

**도장이 찍히는 것은 입국할 때 한 번, 출국할 때 한 번.** 예를 들어 일본에서 출발해 A국가를 방문하고 다시 일본으로 돌아오면 여권에 일본 도장 2개, 방문한 나라의 도장 2개가 찍히게 된다.

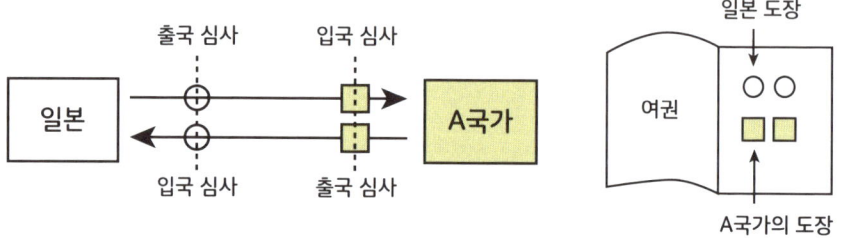

그럼 일본에서 출발해 여러 국가를 방문한 다음 다시 일본으로 돌아온 경우에는 어떻게 될까?

다음 그림은 일본에서 출발해 A, B, C, D 네 국가를 번호순으로 방문하고 다시 일본으로 돌아온 경로를 표시한 것이다. 이때 여권에 찍힌 각 국가의 도장 개수는 몇 개가 될지 생각해보자.

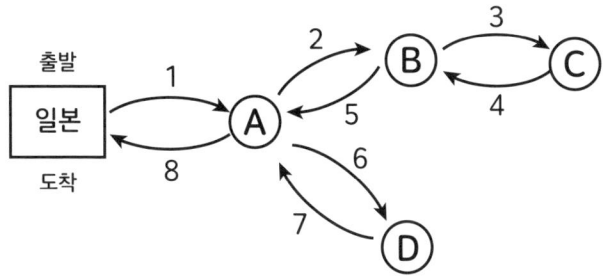

'각 국가에 드나든 화살표의 개수'를 세면 간단히 계산할 수 있다. 도장은 각 국가에 '들어갈 때'와 '나올 때' 찍히기 때문에 드나든 화살표의 개수는 그 국가에서 찍히는 도장의 개수와 일치한다.

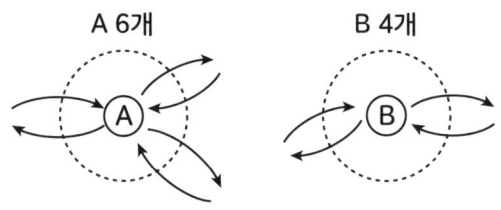

도장의 개수는 드나든 화살표의 총 개수

실제로 세어보면 일본은 2개, A국가는 6개, B국가는 4개, C국가는 2

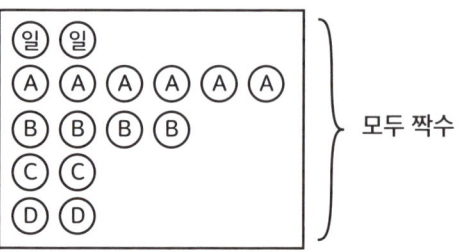

개, D국가는 2개다.

여기서 조금 재미있는 사실을 발견했다. 도장의 개수는 국가에 따라 다르지만 어디나 '짝수'라는 점이다. 그 이유는 아주 간단하다. 우선 '입국'과 '출국'은 반드시 쌍을 이루기 때문이다.

일본 이외의 모든 국가는 '입국'에서 시작해 '출국'으로 끝나고, 반대로 일본은 '출국'에서 시작해 '입국'으로 끝난다.

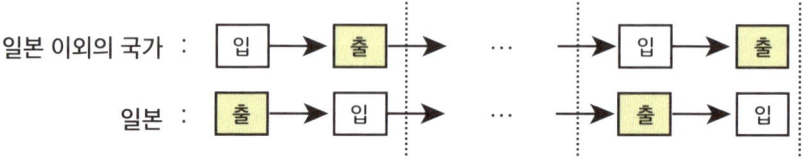

어느 쪽이든 '입국'과 '출국'이 쌍을 이루기 때문에 찍히는 도장의 총 개수도 짝수가 된다. 그런데 여기서는 일본에서 출발해 다시 일본으로 돌아오는 '일주 여행'을 살펴보았지만 출발지와 도착지가 다를 경우도

생각해보자.

다음 경로는 일본에서 출발해 몇 개국을 돌아다니다가 마지막에 A국가에 도착하는 경우다.

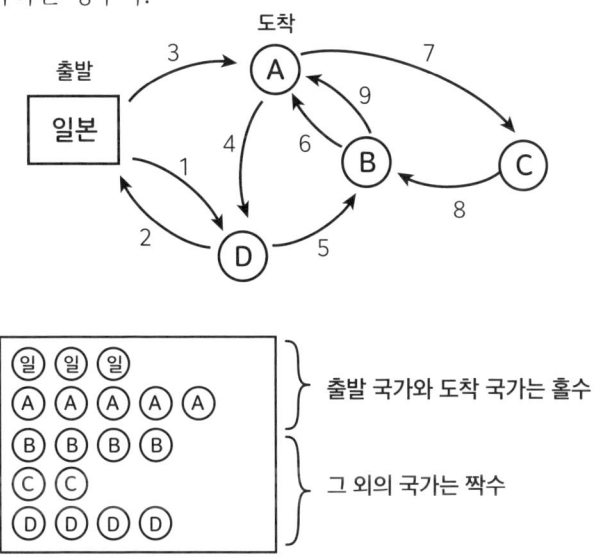

도장의 개수를 보면, 출발 국가와 도착 국가는 '홀수'이고 그 외의 국가는 '짝수'다.

그 이유도 동일하게 설명할 수 있다. 출발 국가는 '출국'에서 시작해 '출국'으로 끝난다. 도착 국가는 '입국'에서 시작해 '입국'으로 끝난다.

'입국'과 '출국'을 한 쌍으로 보면, 마지막에 하나가 남기 때문에 도장의 총 개수는 홀수가 된다.

그 외의 국가에서는 앞의 경우와 마찬가지로 '입국'에서 시작해 '출국'으로 끝나기 때문에 도장의 총 개수는 짝수인 것이다.

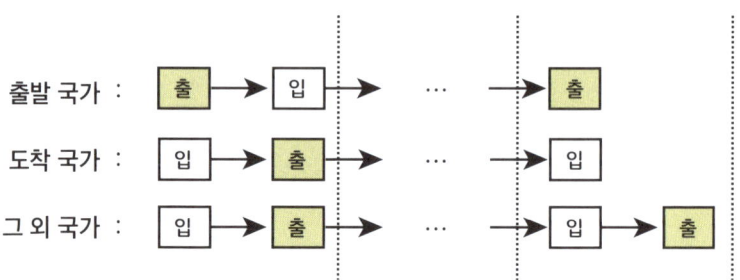

여권에 찍힌 도장 개수의 '홀짝' 여부로 그 사람이 적법한 여행자인지 아닌지 판단해볼 수 있다. 만약 그 사람이 본국에 있다면 모든 국가의 도장 개수는 짝수가 되고, 다른 국가에 체류 중이라면 자국과 체류 중인 국가의 도장 개수는 홀수이며 그 외의 국가는 짝수가 되어야 한다.

**이 말은, 여권에 찍힌 도장 개수가 홀수인 국가가 세 개 나라 이상이라면 '이 사람은 어딘가에서 부정하게 출입국했을' 가능성이 있다**는 것이다.

그런데 '여권에 찍힌 도장 개수의 홀짝' 이야기는 사실 '한붓그리기'의 수리적 이론과 깊은 관계가 있다.

한붓그리기는 종이에서 펜을 한 번도 떼지 않고 끝까지 그리는 것을 의미한다. 선이 교차하는 것은 괜찮지만 덧그리기는 안 된다.

예를 들어 다음 도형은 한붓그리기를 할 수 있다.

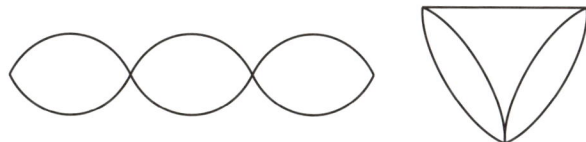

알아차렸겠지만, 한붓그리기는 몇 개 국가를 경유하여 어떤 국가에 도착하는 경로도를 그리는 것과 동일한 원리다.

다음 그림은 'A에서 출발해 A, B, C, D의 4개국을 경유한 다음 A로 돌아오는' 경로도와 'A에서 출발해 A, B, C의 3개국을 경유하고 C에 도착하는' 경로도이다. 말풍선 안의 숫자는 '해당 점에 모이는 선의 개수'로 그 나라에서 받을 수 있는 도장의 개수이기도 하다.

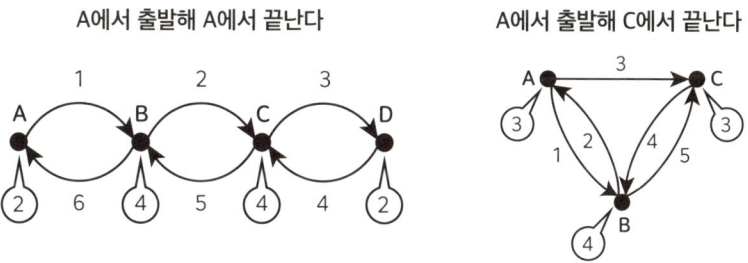

앞의 사실에 비추어 보면 다음을 알 수 있다.

한 번에 그릴 수 있는 도형은 **'각 점에 모이는 선의 개수'가 '모두 짝수'든지, '두 개는 홀수이고 나머지는 짝수'든지 둘 중 하나다.** 출발점과 도착점이 같을 때는 '모두 짝수', 출발점과 도착점이 다를 때는 출발점과 도착점은 '홀수'이고 나머지는 '짝수'가 된다. 그렇기 때문에 다음 그림은 절대로 한 번에 그릴 수 없다.

만약 그릴 수 있다고 한다면, 이 경로로 여행한 사람이 A, B, C, D 4개국에서 홀수의 도장을 받았다는 말인데 있을 수 없는 일이다.

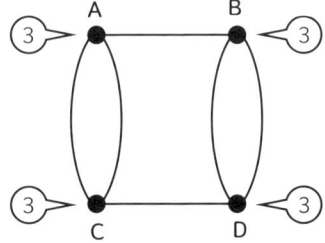

'여권에 찍힌 도장'과 '한붓그리기'라는 아무 관계도 없을 것 같은 두 가지 주제가 연결되어 있다는 점이 아주 흥미롭다. 물론 그 배경에는 '홀짝'이라는 숫자의 기본적인 성질이 있다는 사실을 기억하자.

# 달리기랑 라디오랑 칵테일이랑

'달리기'와 '라디오'는 오래전부터 즐겨 온 나의 취미다. '달리기를 하면서 녹음해 둔 라디오 방송을 주로 듣는' 식인데, 나와 비슷한 취미를 가진 사람이라면 아마도 공감하는 대목이 있을 것이다.

같은 라디오 방송을 다음에 다시 듣게 될 경우, 이전에 들었을 때의 기억이 머릿속에 선명하게 떠오른다. 방송이 흘러나오면서 '내가 이 교차로까지 왔었지'라든가, '이 편의점에서 뭘 사려고 고민했었지'라든가, 미처 기억하고 있을 거라 생각지도 못한 세세한 것들까지 떠오른다.

마치 기억이 라디오 방송과 끈으로 연결되어 있어 차례차례 당겨져 나오는 것 같은 오묘한 느낌이 든다. 가끔은 이런 기분을 느끼고 싶어서 몇 년 전 방송을 다시 듣기도 한다.

한번은 예전 방송을 들으면서 달리다가 이런 일이 있었다. 어쩌다 진행자가 던진 멘트에서 과거에 그 말을 들었던 장소에 대한 기억이 되살

아났다. 당시 내가 있던 지점과 동일한 장소였기 때문에 기가 막힌 우연에 소름이 돋았다.

하지만 곰곰이 따져보니 이런 생각이 들었다.

'같은 라디오 프로그램의 같은 대목을 들으면서 같은 장소에 있다'는 것이 기적 같지만 사실 내 경우는 '필연적인 일'이 아니었을까 하고.

왜냐하면 나는 늘 같은 경로로 달리고는 했기 때문이다.

**가령, 같은 라디오 프로그램의 같은 대목을 재생해놓고 들으면서 달리고 있는 '과거의 내'가 흐릿하게 보인다고 해보자.** 레이싱 게임 같은 데서 나오는 장소의 '유령' 정도로 생각하면 되겠다.

이 유령은 내 앞에서 달리고 있거나 뒤에서 쫓아오고 있을지도 모른다.

어쨌든 **실제 자신과 유령이 같은 반환점을 찍고 돌아오는 코스로 달린다면 이 둘은 어느 지점에서 반드시 '스쳐 지나가게' 된다.** 이 스쳐 지나가는 순간이 바로 '같은 라디오 프로그램의 같은 대목을 들으면서 같은 장소에 있는' 때다.

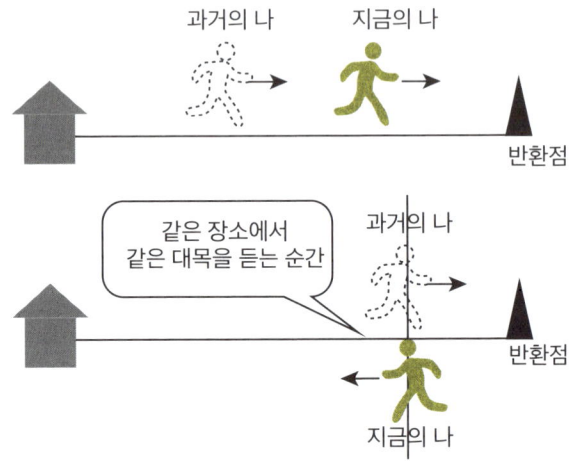

'반환점에 거울이 있다고 가정하고 거기에 비친 길을 쭉 펼쳤다'고 생각하면 좀 더 수월하다.

'실제'의 나는 집 A에서 집 A′ 방향으로 달리고, '유령'은 집 A′에서 집 A 방향으로 달린다고 보면 이 둘이 어딘가에서 스쳐 지나가는 것은 당연하다.

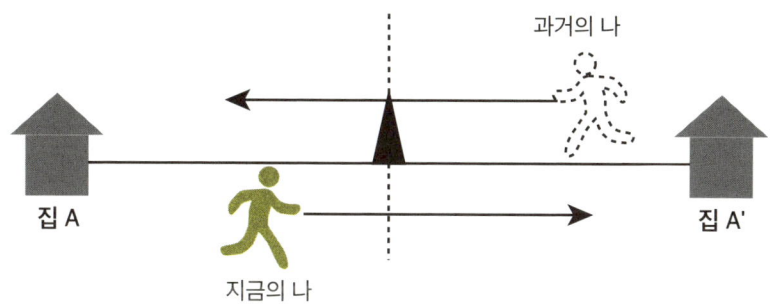

둘은 어딘가에서 스쳐 지나간다

'같은 길의 양끝에서 출발한 두 사람은 도중에 어디쯤에서 스친다'는 당연한 이치를 수리적 개념으로 **'중간값 정리'**라고 한다.

좀 더 친절하게 설명하자면 외길을 가고 있는데 내 앞에 가던 사람이 어느 순간 내 뒤에 있게 된다면, 그 사람이 염력을 쓰지 않는 한 '중간' 어디쯤에서 나와 반드시 스쳐 지나간다는 원리다.

스쳐 지나간 것은 분명하지만 그게 언제이고 어디였는지 모르는 전형

어딘가에 '평균 농도' 지점이 있다

적인 '존재정리'의 하나다.

'중간값 정리' 하면, 대학교 때 같은 수학과 친구가 생각난다. 칵테일 음료는 컵 안의 농도가 다르다. 비중이 달라서인지 컵의 아래로 내려갈수록 진하고, 위로 올라갈수록 연하다. 보통은 그때그때 저어 마시겠지만 그 친구는 '저어서 섞지 않아도 언제나 균일한 농도의 칵테일을 마실 수 있다'고 주장했다.

친구의 방법은 이랬다. 칵테일의 농도는 컵의 위에서 아래로 갈수록 점점 진해진다.

'중간값 정리'의 원리를 적용하면 그 사이 어딘가에 정확히 '평균 농도'를 유지하는 지점이 존재한다. 그 부분에 빨대를 대고 조금씩 마신다.

당연히 마실 때마다 농도의 분포가 달라지는데, 어딘가 반드시 '평균 농도'인 지점이 있기 때문에 거기에 빨대를 대고 이동하면서 조금씩 마시면 된다.

이렇게 조금씩 마실 때마다 빨대의 높이를 미세하게 조정해 나가면 마지

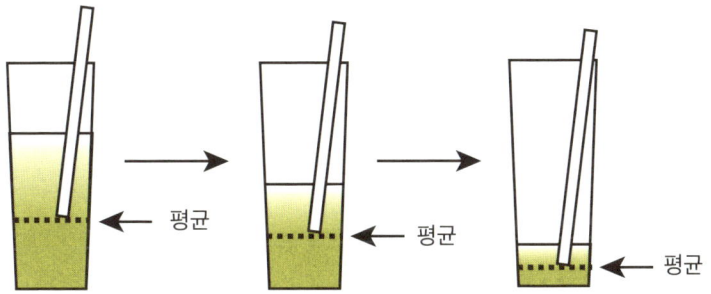

**막 한 방울까지 '평균 농도'로 칵테일을 마실 수 있다**는 논리다.

그 친구의 이론이 전적으로 맞다. 다만, 그렇게 수고스럽게 마실 바에야 차라리 휘휘 저어서 섞어 마시는 편이 빠르고 편하지 않을까? 그런데 이 말은 차마 하지 못했다.

# 에스컬레이터의 '한 줄 서기'는 효과가 있을까?

어디에도 명시된 것은 아니지만 확실히 존재하는 규칙이 있다.

예를 들면, 지하철역 에스컬레이터를 걸어서 올라가는 사람을 배려해 한쪽을 비워두는 암묵적인 규칙이 그렇다.

물론 철도회사가 그런 규칙을 만들었을 리는 없다. 오히려 <mark>사고의 위험 때문에 걸어서 올라가는 것을 원칙적으로 금지</mark>하는 경우가 많다.

그럼에도 불구하고 걸어서 올라가는 쪽 레인에 가만히 서 있으면 '분위기 파악 좀 하라'는 듯한 따가운 시선이 느껴진다. 사람이 많아 혼잡한데도 걸어서 올라가는

러시아워 때 지하철역 에스컬레이터에서 자주 보는 광경

쪽의 레인은 텅 비어 있고 가만히 서서 올라가는 쪽은 긴 줄이 늘어서 있는 광경을 자주 목격하게 된다.

'어라? 그렇다면 오히려 편리성이 떨어지는 게 아닌가?' 하고 고개를 갸우뚱하는 사람도 많을 것이다.

여기서는 에스컬레이터를 걸어서 올라가는 것의 '위험성'은 일단 배제하고, 어디까지나 '수송 효과'의 관점에서 '에스컬레이터의 한쪽을 비워두는 것이 모두에게 이익일지' 검증해보겠다.

쉽게 설명하기 위해 설정을 바꿔보겠다. 한 대의 에스컬레이터에 두 개의 레인이 아닌, 다음 그림처럼 레인이 하나인 두 대의 에스컬레이터가 있다고 하자.

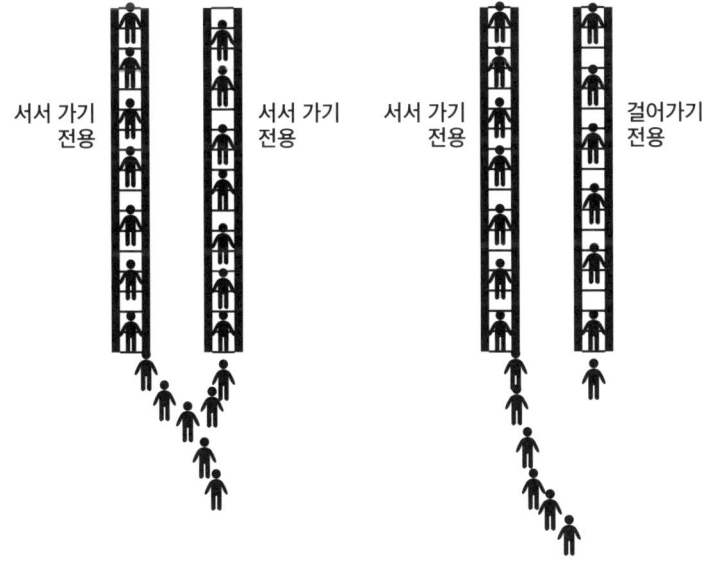

살펴볼 문제는 이렇다. 두 대의 에스컬레이터를 '두 대 모두 서서 가기 전용으로 하는' 것과 '한 대는 걸어가기 전용, 나머지 한 대는 서서 가기 전용으로 하는' 것 중 어느 쪽이 수송 효율이 높을까?

우선 에스컬레이터를 걸어서 올라갈 경우, 서서 올라가는 것보다 얼마나 빠른지 알아보기 위해 집 근처의 지하철역에서 스톱워치로 측정을 해보았다. 그곳 에스컬레이터의 길이는 일반적이었다. 에스컬레이터에 오르는 첫 걸음에서 내리는 마지막 걸음까지의 시간은 다음과 같다.

==서서 올라가는 경우 -> 23.3초==
==걸어서 올라가는 경우 -> 11.1초==

이 수치는 에스컬레이터의 길이나 걸음 속도에 따라 다르겠지만, 대체로 ==걸어서 올라가는 편이 '두 배 정도 빠르다'==.

여기서 한 번 더 과감하게 설정을 바꿔보겠다. 역은 '탱크', 사람은 '물', 에스컬레이터는 '배수구'라고 해보자.

즉, 에스컬레이터를 이용해 역내의 사람들을 밖으로 내보내는 것을 '배수구를 통해 탱크의 물을 밖으로 내보내는' 것과 동일한 개념으로 보았다.

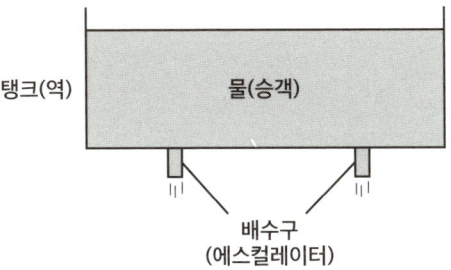

이런 식의 발상을 '모델화'라고 하는데, 적절한 모델화는 사물을 단순화시켜 이해하기 쉽게 해준다.

'서서 가기 전용' 에스컬레이터를 '배수구 (소)', '걸어가기 전용' 에스컬레이터를 '배수구 (대)'라고 하자. 앞선 실험의 결과에서 보면 '배수구 (대)'는 '배수구 (소)'보다 두 배의 배수 능력을 지니고 있다.

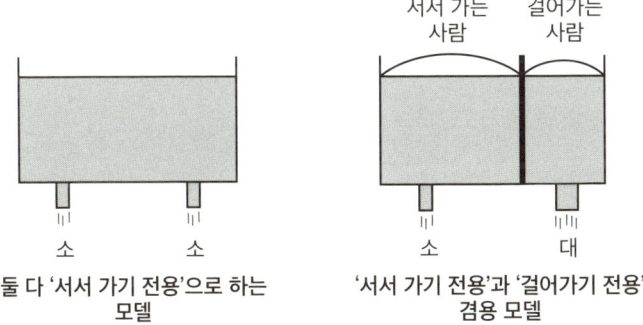

두 대의 에스컬레이터를 모두 '서서 가기 전용'으로 한 경우는 탱크에 '배수구 (소)' 2개를 뚫어놓은 것과 같다.

한 대는 '서서 가기 전용'으로 하고 나머지 한 대는 '걸어가기 전용'으로 한 경우는, 탱크를 칸막이로 나누고 한쪽에는 '배수구 (소)'를, 한쪽에는 '배수구 (대)'를 뚫어놓은 것과 같다.

칸막이의 위치는 '서서 올라가고 싶은 사람'과 '걸어서 올라가고 싶은 사람'의 비율에 따라서 정해진다. 여기서는 대략 '서서 올라가고 싶은 사람'이 '걸어서 올라가고 싶은 사람'의 2배 정도라 보고 2:1 지점에 칸막이를 설치해보자.

자, 이제 두 탱크에서 어느 쪽 물이 빠르게 배수되는지 실험해보겠다. 계산을 위해 탱크에 들어 있는 물의 양을 120리터, '배수구 (소)'의 배수량을 1초에 1리터, '배수구 (대)'의 배수량은 1초에 2리터라고 하자.

첫 번째 탱크는 1초에 1리터를 내보낼 수 있는 배수구가 2개 있기 때문에 1초에 2리터씩 물을 내보내고, 60초면 전체 120리터의 물을 모두 내보낼 수 있다.

두 번째 탱크는 어떨까? 탱크의 분할 비율이 2:1이므로 왼쪽에는 80리터, 오른쪽에는 40리터의 물이 있다. 왼쪽에서는 초당 1리터의 물을 내보내고, 오른쪽에서는 초당 2리터의 물을 내보내기 때문에 20초가 지나면 오른쪽 탱크는 물이 다 빠져나가지만 왼쪽 탱크에는 아직 60리터의 물이 남아 있다.

이제 왼쪽의 배수구에서만 물이 나오는 상태이기 때문에 물이 모두 빠지려면 60초가 더 걸린다. 처음 20초와 합하면 모두 80초가 된다.

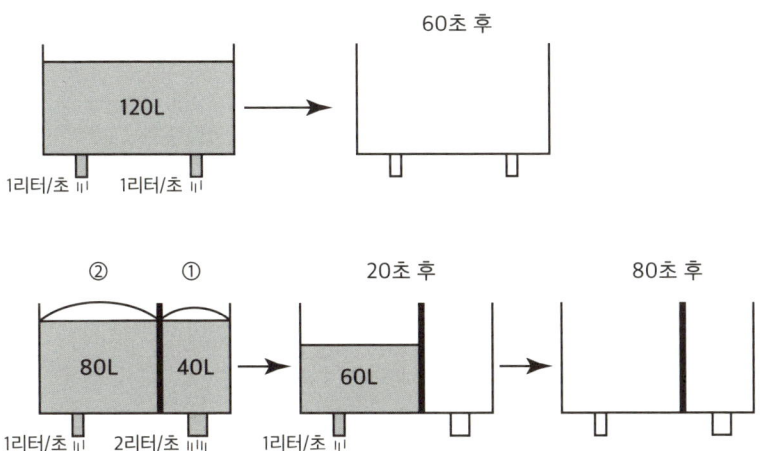

　결론적으로 첫 번째 탱크보다 20초가 더 걸린다. 두 번째 탱크에서는 오른쪽 칸의 물이 다 빠져나간 후 큰 배수구를 사용하지 못하고 그냥 두게 된다. 이로 인해 배수 효율이 떨어지고 마는 것이다.

　시뮬레이션 결과로 보면 **'에스컬레이터는 두 대의 레인 모두 '서서 가기 전용'으로 하는 편이 효율이 높다.'**

　물론, 이렇게 단순한 시뮬레이션만으로 에스컬레이터 한쪽을 비워두는 것을 반대하는 것은 다소 섣부른 주장이다.

　위의 시뮬레이션에서는 '서서 올라가고 싶은 사람', '걸어서 올라가고 싶은 사람'의 비율이 2:1이라고 했지만 역으로 이것을 1:2('걸어서 올라가고 싶은 사람'이 '서서 올라가고 싶은 사람'보다 2배 많은 상황)로 설정하면 두 번째 탱크의 물은 40초 만에 모두 빠지고 배수 효율은 첫 번째 탱크보다 높다.

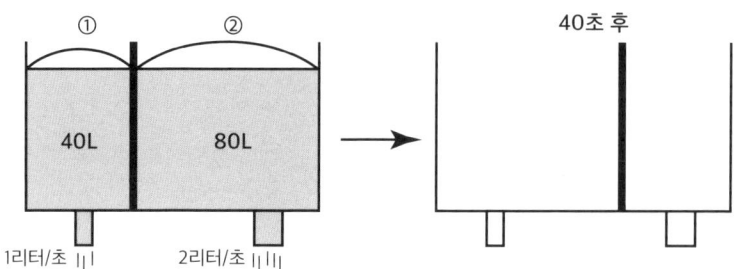

또 '초를 다투는' 급한 상황에서는 단 몇 초만 늦어도 큰 문제가 될 수 있지만, 반대로 전혀 급할 게 없는 사람에게 1, 2분 차이는 아무것도 아닐 수 있다.

이 두 경우가 혼재하는 한 설령 텅텅 비어 있더라도 누군가는 걸어서 올라갈 수 있도록 레인 하나를 비워두는 것이 맞다.

○ 이런 곳에도 수학 이야기가 ○

# 마을의 모든 다리를 '한 번씩'만 건너라!

옛 동프로이센의 수도 쾨니히스베르크는 강을 따라서 네 개의 땅으로 나누어져 있고 일곱 개의 다리가 놓여 있다.

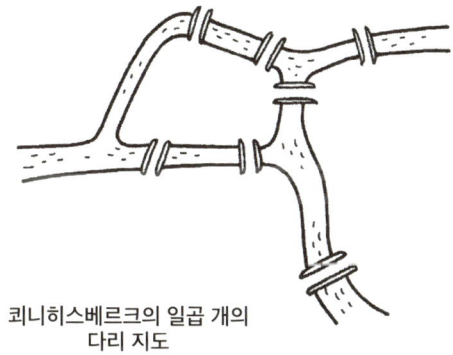

쾨니히스베르크의 일곱 개의
다리 지도

그런데 이 일곱 개의 다리를 '한 번씩만 건너는' 것이 과연 가능할지 확인해보자.

강으로 나누어진 네 개의 땅을 A, B, C, D라고 하자. 다리는 각각을 이어준다. 연결 방식에만 주목하면 다음의 그림과 같이 땅은 '점'으로, 다리는 그 점을 잇는 '선'으로 바꿔 생각할 수 있다.

눈치가 빠른 사람은 벌써 알아차렸을 것이다. '모든 다리를 한

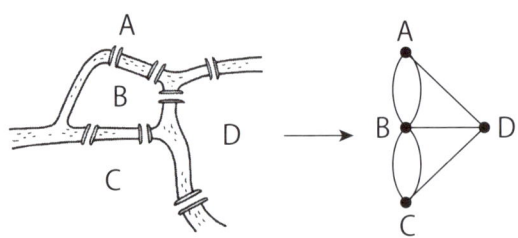

땅은 점으로, 다리는 선으로 치환

번씩만 건너'는 것은 바로 '한붓그리기 원리'와 같다. 34페이지에서 다루었던 '한붓그리기 원리'를 여기에도 적용할 수 있다. 이 그림에는 '각 점에 모이는 선의 개수'가 '홀수'인 점이 4개나 된다.

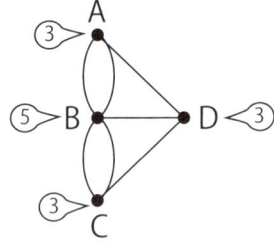

  한붓그리기가 가능한 그림은 '홀수'의 선이 모이는 점이 2개까지만 허용되기 때문에 당연히 이 그림은 한붓그리기를 할 수 없다. 따라서 모든 다리를 한 번씩만 건너는 경로도 존재하지 않는다.

**제 2 장**

# 인생에서 정말로
# 쓸모 있는 수학 이야기

## 일상 속에 존재하는 알고리즘

'알고리즘'……뭔가 동양적인 느낌의 이 단어는 세상 어딘가에 있을 법한 유토피아의 이름도, 일본의 인기 그룹 퍼퓸의 신곡 타이틀도 아니다. '알고리즘'이란, '어떤 목적을 달성하기 위한 일련의 절차'를 의미한다. 다음에서 설명할 '조건 분기', '반복', '종료 조건' 등을 포함하는 '복잡화한 루틴' 정도로 볼 수 있겠다.

'조건 분기'는 어떤 '조건'의 성립 여부에 따라 이후 행동이 결정되는 개념이다.

예를 들어 보통은 자전거로 등교하지만 비가 오는 날은 버스를 타야 해서 평소보다 10분 일찍 집을 나서는 사람이 있다고 하자.

아침 7시, 알람 소리에 눈을 뜬다. 이때 만약 밖에서 비 소리가 들리지 않는다면 10분 정도 더 잘 수 있다.

하지만 비가 내리고 있다면 바로 일어나 등교 준비를 해야 한다. '비가 내린다'라는 조건의 성립 여부가 이후 행동을 결정하는데, 이것이 바로 '조건 분기'다.

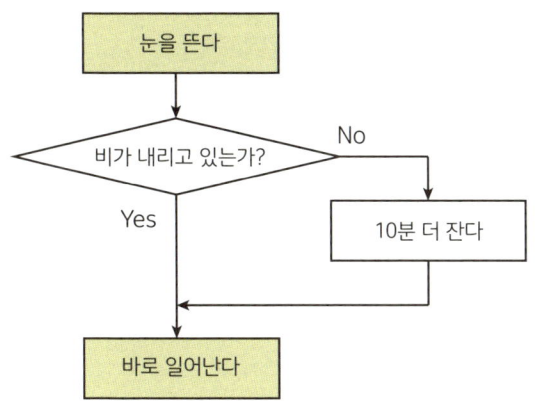

'반복'은 같은 것을 몇 번이고 되풀이하는 절차다.

신문 배달 업무 중에는 '전단지를 끼워 넣는' 일이 있다. 정면에는 신문을, 오른쪽에는 전단지를 쌓아놓는다. 왼손으로 신문을 펼치고 오른손으로 전단지를 끼워 넣은 다음 신문을 덮어 왼쪽으로 밀어 둔다. 이 과정을 되풀이한다.

하지만 이 알고리즘은 완전하지 않다. 작업을 '끝내는 시점'이 명시되지 않았기 때문인데, 이때 반복을 끝내는 조건이 바로 '종료 조건'이다. '종료 조건'이 없으면 '반복'은 끝도 없이 이어진다.

이 사례에서는 '신문 또는 전단지 중 하나가 동이 나면' 작업이 끝나기 때문에 도표에 조건을 추가하겠다.

이번에는 **'조건 분기가 포함된 반복'**을 살펴보겠다. 회사원들은 아침에 출근해서 이메일을 열었을 때 수십 통의 메일이 와 있는 경우가 흔하다.

일일이 확인하면서 쓸데없는 것은 삭제하고, 바로 답을 줘야 하는 것은 답신 메일을 작성하고, 급하지 않은 것은 보류해 두는 분류 작업을 할 것이다. 이 작업을 알고리즘화하면 다음 그림과 같다.

소위 '일 살하는 사람들'은 무의식중에 할 일을 '알고리즘화'해 둔 경우가 많다.

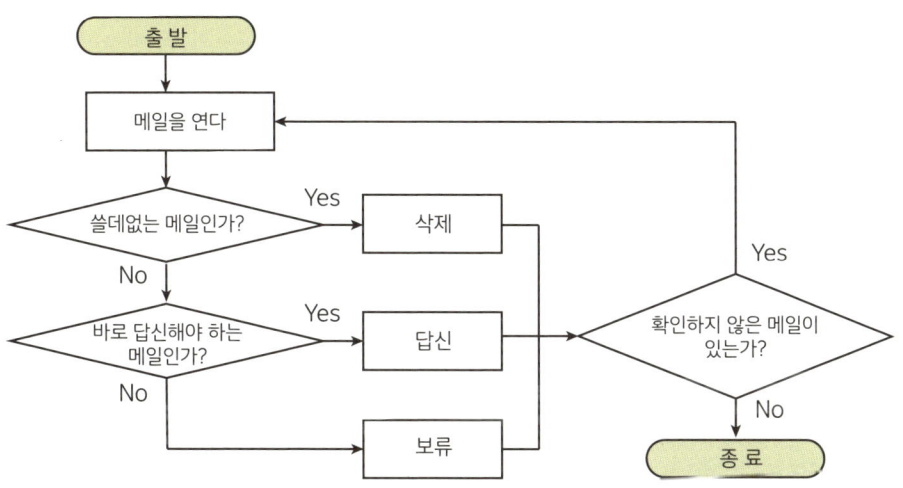

이와 같이 알고리즘은 <mark>상황에 대한 단순한 판단을 반복하면서 목표하는 것을 달성하는 절차</mark>이기 때문에 어떤 의미로는 '사고(思考)의 절약'이라고 볼 수 있다.

일상적인 작업을 알고리즘화하는 이유도 '가능한 한 머리를 쓰지 않고 일을 진행'하기 위해서다.

# 미술관의 모든 전시물을 효율적으로 관람하는 방법

'미술관은 딱 질색이야!'

라고 하면, 사람들은 헛기침만 해도 눈치가 보이는 숨 막히게 조용한 공간이나, 기괴한 예술품 앞에서 '그렇군' 하고 이해한 척 고개를 끄덕이지 않으면 안 될 것 같은 묘한 분위기가 싫어서 그런가 하는 생각을 할지 모르겠다.

여기서는 그 이야기가 아니다. 정확히 따지자면 미술관의 문제가 아니라 나의 어떤 별난 성격이 원인이다.

나는 미술관처럼 작은 방들이 줄줄이 있는 장소에 가면 '한 군데도 빠짐없이 다 들어가 봐야' 직성이 풀린다. 혹시 놓치고 보지 못한 방은 없는지, 모르고 지나친 통로는 없는지 신경 쓰느라 미술품 관람은 뒷전이다.

이런 습관은 어릴 적 좋아했던 컴퓨터 게임인 던전 탐색에서 시작되었다. 게임에서 주인공인 나는 던전(지하 미궁)으로 들어간다. 가장 깊숙한 곳에서 기다리고 있는 보스를 쓰러뜨린 다음 세계 평화를 지키는 것이 이 게임의 목적이다.

한편, 던전의 여기저기에는 보물 상자가 있다. 그 안에는 돈이나 쓸 만한 아이템이 들어 있는데, 놓치고 지나가면 되돌아가서 가져오는 것도 꽤 번거롭다.

여기서 이상한 주객전도 현상이 일어나는데, 던전 탐색에서 '보스가 있는 방에 빨리 도착하는 것'보다 오히려 '모든 방을 돌아보는 것'이 우선이 되어버린다.

가령, 두 갈래 길에서 한쪽을 택한다고 해보자.

'A: 막다른 방'과 'B: 통로가 나 있는 방'이 있으면 어느 쪽으로 가야 할까?

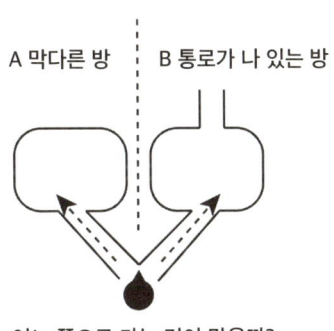

대부분은 B쪽으로 가는 게 맞다고 할 것이다. 하지만 내 생각은 완전히 반대다. A, 그러니까 '막다른 방'으로 가는 것이 한결 마음이 편하다. 왜일까? **'완전 탐색 알고리즘'**의 측면에서 설명해보겠다.

가령, 다음 그림처럼 여러 개의 방이 통로로 연결되어 있는 던전이 있다. 지도 없이 탐색해야 하는 주인공은 어떤 알고리즘(절차)을 따라서 가야 모든 방에 들어가 볼 수 있을까?

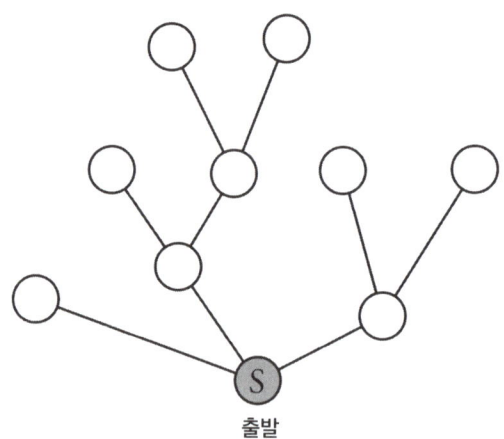

출발

여기에는 크게 두 가지 규칙이 있다.

첫 번째는 '깊이 우선 탐색'으로, '최대한 깊이 들어간 다음 막다른 방이 나오면 바로 앞의 갈림길로 돌아온다'는 규칙이다. 만약 갈림길이 두 갈래 이상일 경우 '오른쪽으로 먼저 간다'.

첫 번째 규칙을 따라서 직접 탐색해보자. S에서 출발해 오른쪽으로 막다른 방이 나올 때까지 간다.

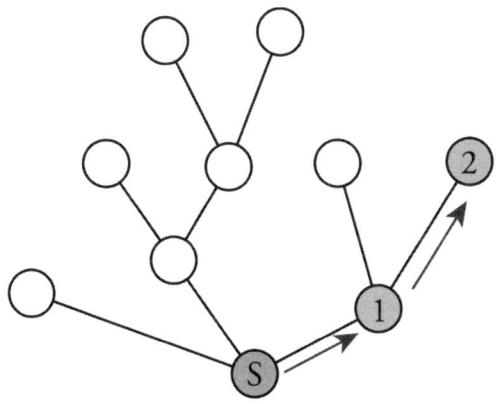

막다른 방이 나오면 하나 앞으로 돌아온다. 만약 아직 가지 않은 길이 있다면 그쪽으로 (막다른 방이 나올 때까지) 간다.

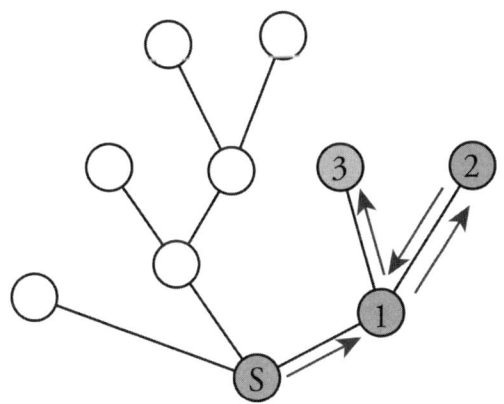

이것을 반복한다. 이 알고리즘대로 이동하면 다음의 순서로 모든 방을 가보게 된다.

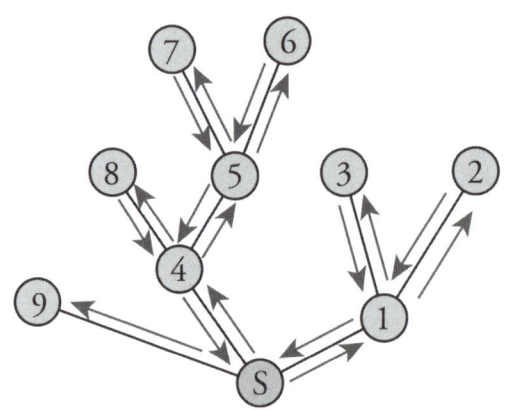

알고리즘의 역할 중 하나는 '가능한 한 생각을 적게 하는' 것이다. 그 점에서 이 알고리즘은 아주 뛰어나다.

한 가지 기억해 둘 점은 **'방에 들어가면 시계 반대 방향으로 돌아보다가 첫 번째 나오는 갈림길로 이동한다 (갈림길이 없으면 왔던 길로 되돌아간다)'** 는 것이다. 이것만 잘 지키면 크게 고민하지 않고도 모든 방에 다 들어가 볼 수 있다.

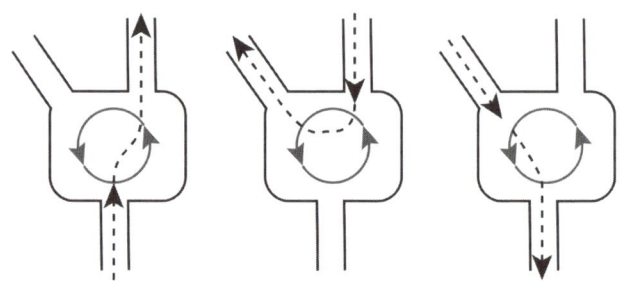

다만, 이 알고리즘은 던전 탐색 게임에 적용할 경우 치명적인 결함이 발생한다. 64페이지 상단의 그림으로 돌아가보자. 출발 지점에서 왼쪽 바로 옆에 있는 방은 가장 깊숙이 위치한 방보다 나중에 가게 된다.

깊이 우선 탐색을 따르다 보니 말 그대로 '안으로 가는 것'이 먼저이기 때문에 이와 같은 현상이 벌어지기 쉽다.

게임에서 이것은 무엇을 의미할까?

'보스가 있는 방까지 가는 데 너무 많은 시간이 소요되는' 최악의 시나리오다.

'앗, 용케도 여기까지 왔군. 이제 내 차례다……'

의기양양한 보스.

'아직은 안 돼!'

라며 초점 잃은 눈으로 초조하게 바라보는 주인공. 서로에게 고역이다.

그래서 등장한 또 하나의 규칙이 바로 **너비 우선 탐색**이다.

너비 우선 탐색을 한 마디로 설명하자면 '출발 지점에서 가까이 있는 방부터 순서대로 탐색하는' 규칙이다.

출발 지점이 되는 방 S를 '깊이 0'이라 하자. 다음으로 '깊이 0'에서 이동할 수 있는 모든 방에 들어간다(다음 페이지에 제시된 그림의 ①, ②, ③). 이 방들은 '깊이 1'이 된다.

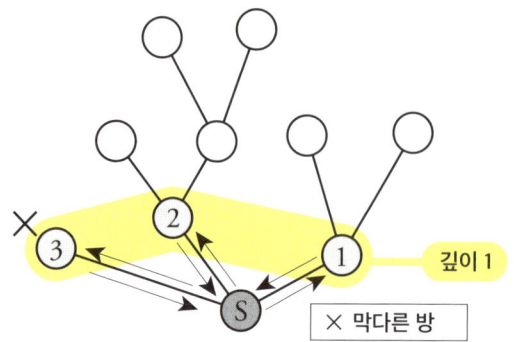

그 다음, '깊이 1'의 방에서 이동할 수 있는 방으로 들어간다.

③은 이미 막힌 방이라는 것 알고 있기 때문에 ①, ②로 먼저 가는 것이 좋다. 이렇게 '깊이 2'의 방(④, ⑤, ⑥, ⑦)이 정해진다.

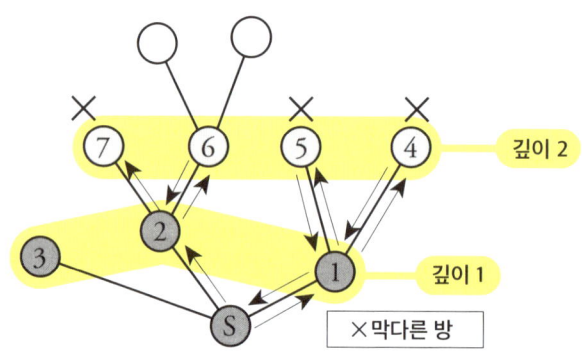

다음으로 '깊이 2'의 방에서 이동할 수 있는 방으로 들어간다. ④, ⑤, ⑦번은 막힌 방이라는 것을 이미 알고 있으므로 ⑥번 방으로 가면 된다. 이렇게 '깊이 3'의 방(⑧, ⑨)이 정해진다.

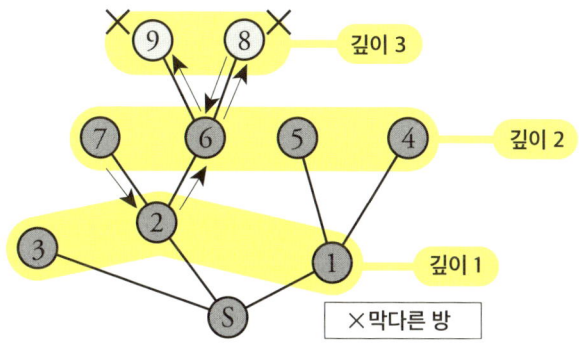

⑧, ⑨번 방은 모두 막혀 있으므로 탐색을 종료한다. 너비 우선 탐색은 헛걸음을 줄이면서 조금씩 안으로 진입하는 형태이기 때문에 던전 탐색 게임에 아주 적합하다. 내가 취한 규칙도 기본적으로 이런 식이다.

다만, 여기에도 단점이 있다. 별 생각 없이 기계적으로 이동하면 되는 깊이 우선 탐색과는 달리 너비 우선 탐색은 '어느 방에 들어갔는지', '통로가 나 있었는지' 정도는 기억해 두어야 한다.

소위 뇌의 '메모리를 사용하는 것'이기 때문에 기억해 둘 방이 늘어날 수록 뇌는 스트레스를 받는다.

여기서 중요한 것은 '막다른 방'이다. 들어간 방이 막혀 있다면 그곳은 머리에서 지워버리면 된다. 즉, 메모리가 하나 비게 되므로 그만큼 뇌는 스트레스에서 해방된다. '막다른 방'을 봤을 때 안심하게 되는 메커니즘이기도 하다.

생각건대, 사람의 뇌는 부하가 풀릴 때 '쾌감'을 느끼는 것 같다. 그래서 이 쾌감을 한 번 맛본 사람은 일부러 뇌에 부하를 주려 한다.

이렇게 생겨난 '탐색 뇌'는 미술관과 같은 장소에서 발현된다. 작은 전시실이 경로에서 벗어나 있으면 반드시 가서 봐야 하고, 좁게 난 길이 화장실인지 비상구인지 직접 눈으로 확인해야 마음이 놓인다.

지금까지 내가 경험한 최강의 미술관 던전은 파리의 '루브르 미술관'이다. 수백 개의 전시실이 여러 전시관과 층에 배치되어 있다. 뇌의 자원을 총동원하여 '전체를 탐색'하겠다는 일념으로 꼬박 하룻동안 걸어 다녔다.

결국 내 머리에 남은 것은 <모나리자>도 <사모트라케의 니케>도 아닌 미술관의 배치도였다.

# 티끌도 모으면 정말로 태산이 될까?

자동차나 전화, 음악 플레이어처럼 기술이 진보함에 따라 형태가 점차 바뀌어 가는 것이 있는가 하면, 우산처럼 수백 년이 지나도 같은 모양인 것이 있다. 단순하지만 완성된 형태는 아무래도 혁신이 일어나기 어려운 측면이 있는 것 같다.

하지만 초등학생 때부터 '이것만큼은 좀 발전하면 안 되나?' 하고 불만을 가져온 도구가 있다. 바로 '쓰레받기'다.

쓰레기를 한 군데 모아서 쓰레받기에 쓸어 담는다. 다 쓸어 담은 것 같아서 쓰레받기를 들면 쓰레받기 가장자리를 따라 부스러기가 조금 남아 있다.

어쩔 수 없이 쓰레받기를 살짝 뒤로 옮겨서 다시 쓸어 담는다. 그런데 쓰레

← 남아 있는 쓰레기!

받기를 들면 아주 약간의 쓰레기가 또 남아 있다. 대체 언제까지 비질을 해야 다 쓸어 담을 수 있단 말인가!

한 번 쓸어 담을 때 90퍼센트의 쓰레기가 쓰레받기에 담기고, 나머지 10퍼센트는 바닥에 남아 있다고 가정해보자.

전체 쓰레기의 양을 1이라고 하면, 처음 한 번의 비질로 0.9의 쓰레기가 쓰레받기에 담기고 나머지 0.1의 쓰레기가 바닥에 남는다.

비질을 한 번 더 하면 0.09가 쓰레받기에 담기고, 0.01의 쓰레기가 바닥에 남는다.

또 한 번 더 하면 0.001이 남고, 여기서 한 번 더 하면 0.0001이 남게 되는데……. 언제까지고 쓰레기는 바닥에 남아 있게 된다.

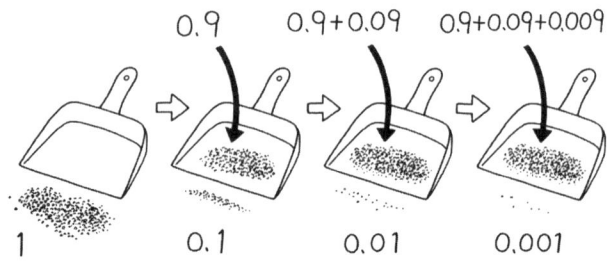

쓰레받기에 담긴 쓰레기의 양
비질할 때마다 '10퍼센트'의 쓰레기가 남는다면……

그런데 여기서 조금 재미있는 수학적 사실을 유추해볼 수 있다. 바닥에 남은 쓰레기가 아니라 쓰레받기에 담긴 쓰레기에 주목해보자. 이 작업을 영원히 반복했다고 치면 최초의 비질 한 번으로 0.9, 그 다음 비질로 0.09, 다음 0.009……. 즉, 10분의 1씩 줄어 쓰레받기에는 무한으로 거듭된 '횟수'분의 쓰레기가 담긴다.

그렇다고 쓰레받기 안에 담긴 쓰레기의 '양'이 무한으로 불어나느냐 하면 그건 아니다. 처음에 있었던 1만큼의 쓰레기가 세분화된 것일 뿐, 쓰레받기 안의 쓰레기의 양은 1에 점점 가까워지기는 하지만 1을 넘지는 않는다.

다음의 수식이 성립된다.

$$1 = 0.9 + 0.09 + 0.009 + 0.0009 + \cdots$$

우변은 무한한 수의 합이지만 좌변의 값은 유한한 수다. '티끌 모아 태산'이라는 속담은 존재하지만 쓰레받기 안의 '티끌'은 절대 '태산'이 되지 않는다.

무한으로 반복된다고 해서 결과가 반드시 무한으로 커지는 것이 아니라는 사실에 의아할지 모르겠다.

손에서 떨어진 농구공이 체육관 바닥에 부딪혀 튕겨 오르는 것을 보고 혹시 이런 생각을 해본 적이 있는가?

특정 높이에서 떨어진 공이 바닥에서 튕겨 처음 높이의 몇 퍼센트까지 올라왔다가, 거기서 다시 바닥으로 내려갔다가 그 높이의 몇 퍼센트까지 튕겨 올라온다. 공이 도달하는 지점은 점점 낮아지지만 이론상으로 봤을 때 튕겨 올라오는 것은 무한으로 반복된다.

만약 이상적인 바닥과 공이라면, 공은 바닥에서 영원히 튕겨 올라왔다 내려갔다 반복하는 것이 아닐까?

농구공은 '무한으로' 튕길까?

이런 식의 생각은 반은 맞고, 반은 틀리다. 이 이상적인 공은 <mark>바닥을 무한의 '수'로 튕기지만 무한 '시간' 튕기는 것은 아니기 때문이다</mark>.

가령, 공이 처음 높이의 1/4 지점까지 튕겨 오른다고 해보자. 1의 높이에서 던진 공은 1/4 지점까지 올라온다.

다시, 1/4 높이에서 떨어진 공은 1/16 높이까지 튕겨 오른다. 공이 튕겨 올라온 높이는 점점 낮아지지만 무한 '수'로 튕겨 오른다.

여기서 중요한 것은 튕겨 오르는 시간도 점점 줄어든다는 점이다. 물리적 계산에 따르면, 공이 튕겨 올라오기까지 걸리는 시간은 이전의 1/2이다.

맨 처음 튕겨 오르는 데 필요한 시간을 1초라고 하면 다음은 1/2초, 그 다음은 1/4초……이런 식이 된다.

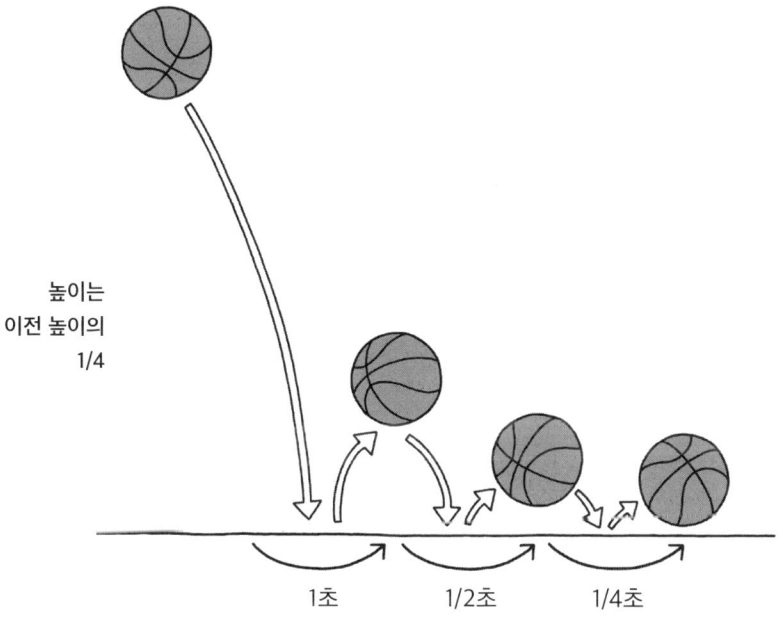

정점에 도달하기까지 걸리는 시간은 이전의 절반이 된다

결국 계산을 해보면 다음과 같다.

$$1 + \frac{1}{2} + \frac{1}{4} + \frac{1}{8} + \cdots$$

공이 모두 튕겨 오르기까지 걸리는 시간을 알 수 있는데, 여기서도 마찬가지로 **무한한 수의 합은 유한한 값**이 된다.

결론부터 말하자면, 정답은 2다. 식으로 만들면,

$$2 = 1 + \frac{1}{2} + \frac{1}{4} + \frac{1}{8} + \cdots$$

이 된다. 다음 그림과 같이 면적이 2인 직사각형을 계속해서 절반씩 나눈다고 생각하면 좀 더 쉽게 이해할 수 있다.

면적 2

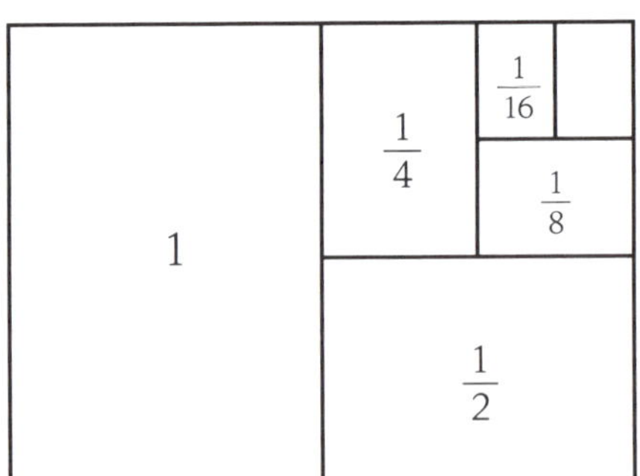

면적이 2인 직사각형을 계속해서 절반씩 나눈다

여기서 유추할 수 있는 사실은 앞서 다루었던 쓰레받기의 예시보다 훨씬 심오하다. **공은 2초라는 유한한 시간 속에서 무한 번 튕겨 올라오는 것을 '끝낸다.'**

예전에 어떤 SF 소설에서 읽었던 기억이 나는데, 사람은 죽음의 순간이 되면 마지막 숨이 다할 때까지 시간을 나누어 인지한다고 한다.

지금까지 1초를 1초라고 느껴온 뇌의 시계는 1/2초를 1초라고 느끼게 된다. 그 다음은 1/4초를 1초, 그 다음은 1/8초를 1초라고 느낀다. 그러다 2초 후, 심전도가 '삐' 하고 울리고 의사가 사망선고를 할 때까지 그 사람은 '무한'의 삶을 끝낸다.

지어낸 이야기지만 묘하게 논리적으로 설득되었던 기억이 난다. '무한'에서 시작된 생각의 꼬리가 삶과 죽음에 대한 막연한 깨달음으로 이어지다니, 어쩌면 '유한한' 생을 살아가는 우리네 본성이 아닐는지…….

때로는 별 생각 없이 멍하게 쓰레기를 쓸어 담는 것도 나쁘지 않다.

# 샴페인 타워의 불편한 진실

　잔을 피라미드 형태로 쌓아 올린 후 맨 위에서 샴페인을 부으면 아래까지 흘러넘쳐 모든 잔이 산뜻한 빛깔의 샴페인으로 채워지는 화려한 파티 이벤트가 있다. 바로 샴페인 타워다.

　경제학 이론인 낙수 효과를 설명할 때 샴페인 타워를 예시로 들기도 한다. 트리클 다운(trickle down, 낙수 효과)이란 '물방울이 떨어진다'는 뜻으로 부유층이 윤택해지면 그 부가 아래 계층으로 흐르고 흘러서 빈곤 계층에게까지 빠짐없이 분산되는 현상을 샴페인이 샴페인 타워를 타고 흘러내리는 것에 비유한 것이다.

　상당히 부자들 구미에 맞는 이론이라고 생각하는데, 또 그것을 설명하기 위해 예시로 삼은 것이 서민과는 상관 없는 샴페인 타워라는 점도 어이없는 블랙 코미디 같다.

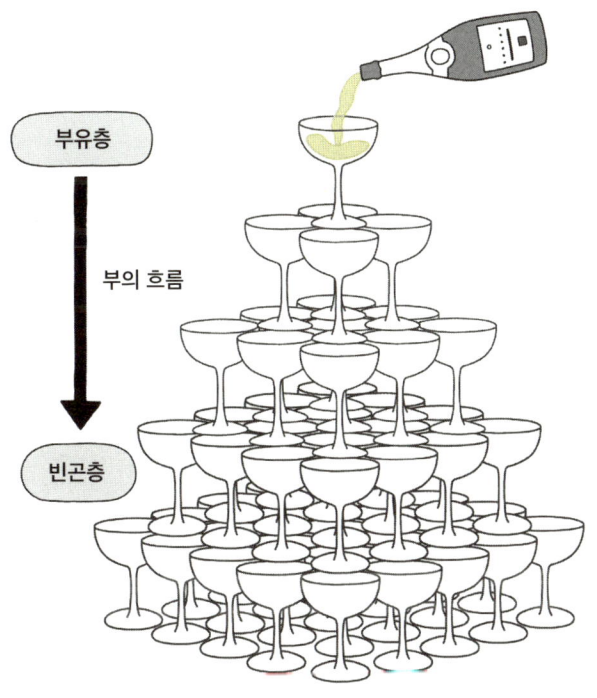

 그런데 문득 궁금해졌다. 샴페인 타워 맨 꼭대기에 있는 잔에 샴페인을 계속해서 부으면 정말로 모든 잔에 '빠짐없이' 샴페인이 가득 찰 수 있을까?

 이를 확인하는 데는 잔도 샴페인도 '인싸' 친구도 필요 없다. 종이와 펜만 들고서 수학적 '모델화'를 활용하면 된다.

 간단하게 설명하기 위해서 다음 페이지 그림처럼 잔을 위에서부터 삼각형 모양으로 여섯 단 쌓아 올렸다고 해보자.

그리고 '잔에서 흘러넘친 액체는 좌우 아래의 두 잔에 균등하게 채워진다'라고 가정하자. 실제로 잔이 '입체적'으로 쌓여 있다든지, 액체가 바깥으로 넘친다든지 하는 변수들이 있지만 모델화의 장점을 살려 사소한 부분은 무시하고 단순화하겠다.

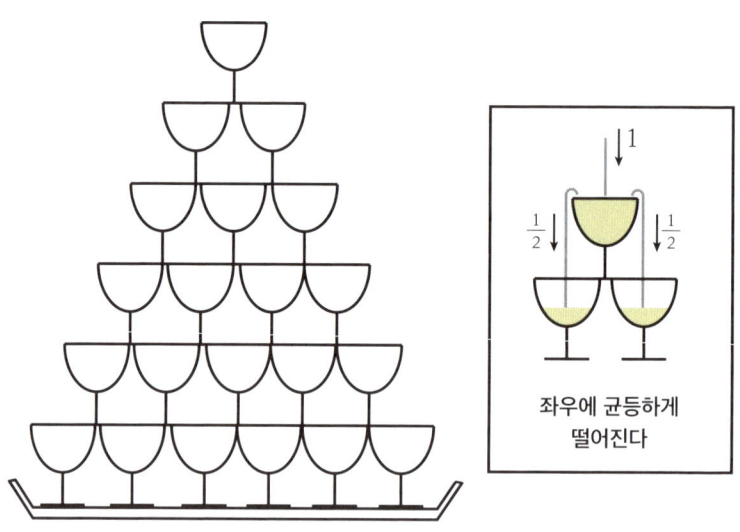

여기서 샴페인의 흘러내림을 수치로 생각해볼 수 있다. 각 잔의 용량을 1이라 하고, 맨 위에 있는 잔에 분량 5만큼의 액체를 부었을 때 각 잔으로 어떻게 나누어 담기는지 관찰해보자.

먼저 5 중에서 1은 맨 위에 있는 잔에 담긴다. 나머지 4는 좌우 아래의 두 잔에 균등하게 2씩 나누어 담긴다(그림 1). 두 번째 단에서는 2 중 1이 잔으로 들어가고 나머지 1은 좌우 아래에 있는 두 잔으로 1/2씩 나누어 담긴다(그림 2).

이제 세 번째 단에서 어떤 일이 벌어지는지 잘 살펴보자. 양쪽 끝에 있는 잔에 담기는 액체의 분량은 1/2인 반면, 가운데 잔에는 윗단 두 개의 잔에서 흘러내린 액체가 합류하여 1/2+1/2=1이 담긴다(그림 3).

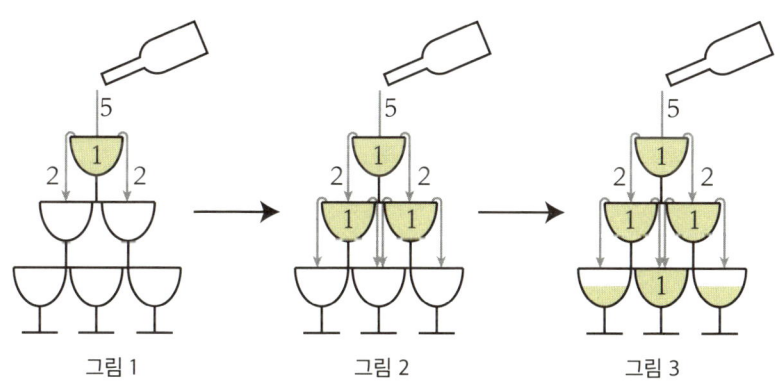

그림 1    그림 2    그림 3

**두 번째 단에서 좌우 양쪽 잔에 1/2씩 넘쳐흐른다**

결과적으로 가운데 잔에는 양쪽 끝의 잔보다 두 배 많은 액체가 모이게 된다.

이쯤에서 이미 '<mark>가운데 잔에 액체가 더 많이 모이는</mark>' 경향을 알 수 있는데, 사실 아래쪽으로 갈수록 더 두드러진다. 이렇게 여섯 개의 단으로 쌓은 샴페인 타워에 15잔 분량의 샴페인을 부었다고 해보자. 좀 더 효율적으로 나타내기 위해 아래와 같은 도표로 만들어보겠다.

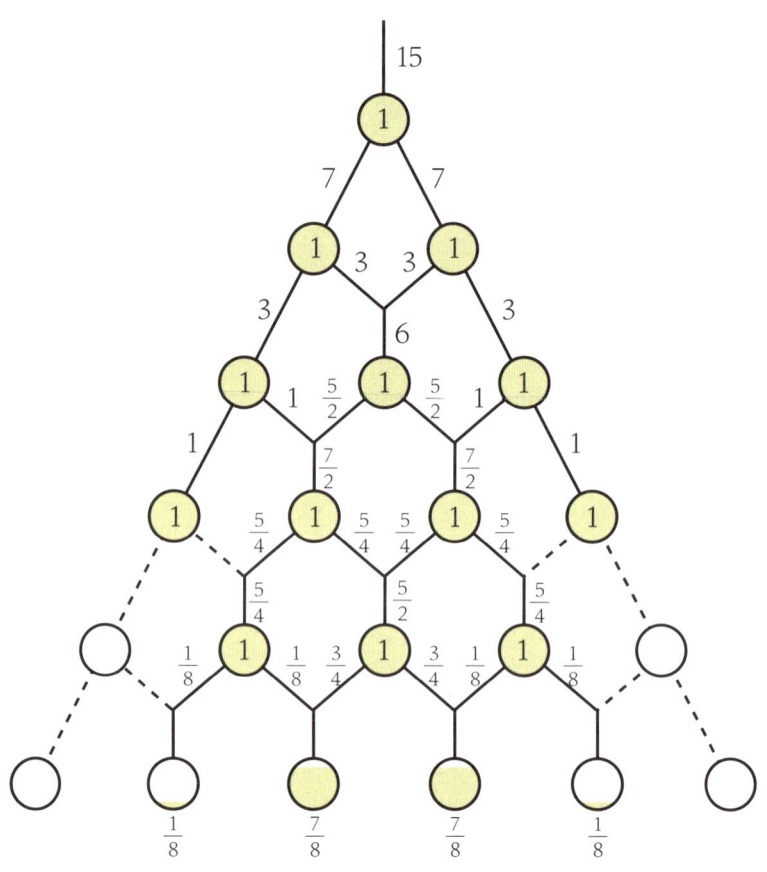

도표에서 보듯이, 위에서부터 네 번째 단까지는 모든 잔에 액체가 가득 담기지만 다섯 번째 단에 이르면 양쪽 끝의 잔에는 한 방울도 담기지 않으며 마지막 여섯 번째 단에는 가운데 두 개 잔에 집중적으로 모인다.

이로써 결론은 명확해졌다. '샴페인은 절대 빠짐없이 골고루 담기지 않는다'는 것이다.

그렇다면 샴페인 타워의 마지막 여섯 번째 단까지 모든 잔을 채우려면 얼마만큼의 샴페인을 부어야 할까?

양쪽 끝에 위치할수록 액체가 담기기 어렵기 때문에 '맨 아랫단의 끝에 있는 잔이 채워지면' 모든 잔이 채워진다고 볼 수 있다.

여기서 주목할 점은 끝에 있는 잔에는 그보다 한 단 위에 있는 잔에 담긴 액체의 양에서 '1을 빼고 2로 나눈' 양만큼의 액체가 담긴다는 것이다.

역산을 해보자.

맨 아랫단의 끝에 있는 잔에 1만큼의 액체가 담기려면, 여기에 '2를 곱하고 1을 더한' 양이 그보다 한 단 위에 있는 잔으로 흘러 들어와야 한다.

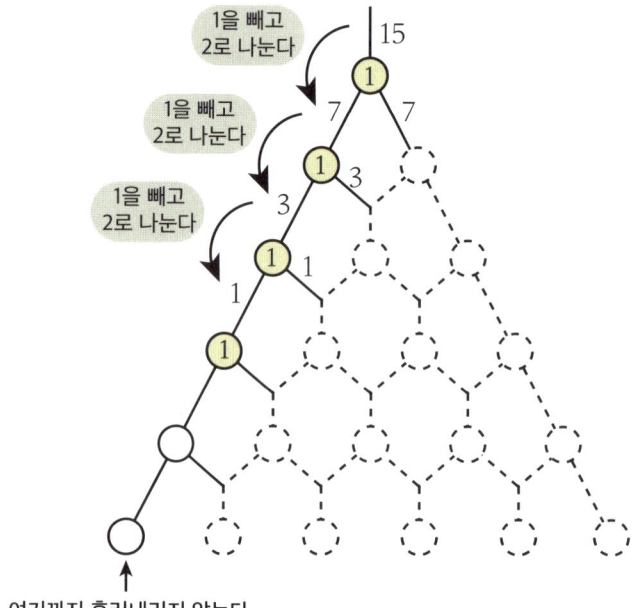

여기까지 흘러내리지 않는다

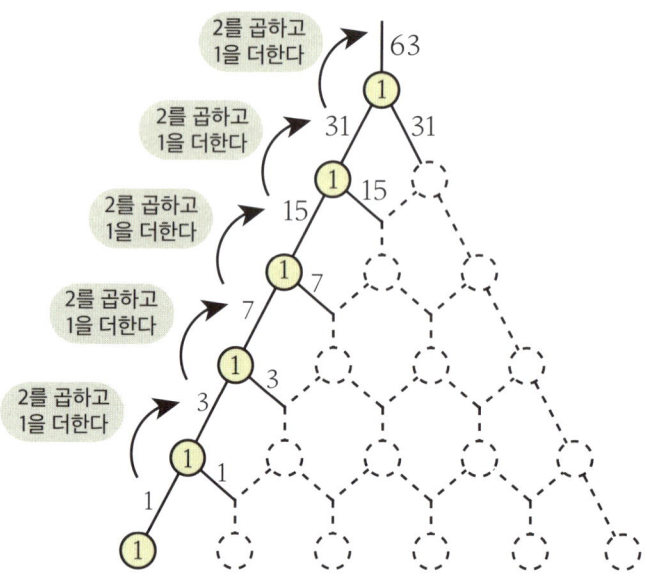

이를 반복해보면, 모든 잔을 가득 채우기 위해서는 맨 위에 있는 잔에 **63잔 분량의 샴페인**을 부어야 한다는 계산이 나온다.

참고로, 잔의 개수는 1+2+3+4+5+6=21개이기 때문에 63-21=42잔, 즉 샴페인의 2/3는 버려지게 된다. 이렇게 낭비가 심해서야 원!

그런데 여기서 한번 생각해보자.

샴페인을 가장 많이 소비하는 곳은 이른바 '유흥가' 그러니까 '고객을 접대하는 가게들'이다.

손님이 비싼 샴페인을 주문하면 직원은 요란한 구호를 외치면서 샴페인 타워의 맨 위에 있는 잔에 샴페인을 따른다.

이와 같은 이벤트의 목적은 '효율'이 아니라 사실은 '낭비'가 아닐까?

이 관점에서 보면 샴페인 타워는 샴페인을 아낌없이 마구 소비할 수 있는 아주 적절한 시스템이다.

뜻밖에도 세상의 어두운 진실에 눈을 뜬 것 같아 조금은 씁쓸하다.

# '궁상맞은' 샴페인 타워

　자, 앞에서 샴페인 타워가 샴페인을 흥청망청 낭비하는 부자들의 놀이인 것을 확인했다. 커피 머신에서 추출한 마지막 커피 한 방울까지 놓치지 않는 나 같은 소시민이 넘볼 수 있는 놀이는 아닌 것 같다.

　그러나 좀 더 들어가 보자. 깊이 있게 파고들면 '샴페인이 한 방울도 버려지지 않는 샴페인 타워'를 만들 수 있지 않을까?

　이른바 궁극의 '궁상맞은 샴페인 타워' 말이다. 이런 걸 원하는 사람이 과연 있을지 모르겠지만, 쓸모없는 주제를 진지하게 고민해보는 것도 특권이라면 특권이다.

　그 전에 앞에서 다루었던 샴페인 타워를 더욱 단순화해보려 한다. 앞에서는 '잔의 용량을 1로 보았지만 여기서는 과감하게 0이라 하겠다. 용량이 0이기 때문에 샴페인 잔조차 필요 없다.

다음 그림처럼 삼각형을 배열하고, 액체가 맨 위에서부터 좌우로 균등하게 분할된다고 생각해보자. 폭포수가 작은 돌을 만나 두 갈래로 갈라지는 모습과 같다.

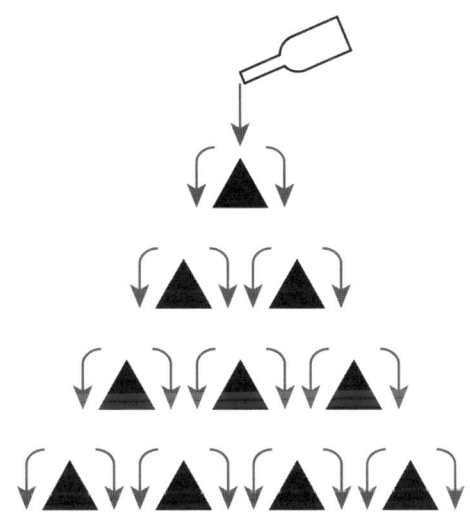

잔이 아니라서 '샴페인 타워'라고 불러도 될지 모르겠지만 여기서는 '액체의 분배 방법'에만 집중하겠다. 어떤 것에 집중하기 위해 나머지는 과감하게 생략하는 것도 중요한 수학적 사고법이다.

자, 이제 그림으로 돌아가 맨 위에서부터 1 분량의 샴페인을 부어보자. 잔이 없으므로 액체는 어디에도 담기지 않고 계속해서 아래로 흘러내려간다. 여기서 알고자 하는 것은 각 단에서 액체가 나누어지는 비율이다.

먼저 첫 번째 단에서 1의 액체가 1/2씩 나눠진다(87페이지 그림 1). 두 번째 단에서는 1/2의 액체가 각각 1/4씩 나눠진다.

가운데는 양방향에서 흘러내린 액체가 합류하기 때문에,

$$\frac{1}{4} : \frac{1+1}{4} : \frac{1}{4}$$

다시 말해 다음과 같이 삼분할된다(87페이지 그림 2).

$$\frac{1}{4} : \frac{2}{4} : \frac{1}{4}$$

2/4는 1/2로 약분할 수 있지만 여기서는 **약분하지 않고 그대로** 쓰겠다. 세 번째 단도 같은 식으로 생각해보자.

1/4의 액체가 1/8씩 나눠지고, 2/4의 액체는 2/8씩 나눠진다. 액체가 합류하는 부분은,

$$\frac{1}{8} : \frac{1+2}{8} : \frac{2+1}{8} : \frac{1}{8}$$

다시 말해 다음과 같이 된다(87페이지 그림 3).

$$\frac{1}{8} : \frac{3}{8} : \frac{3}{8} : \frac{1}{8}$$

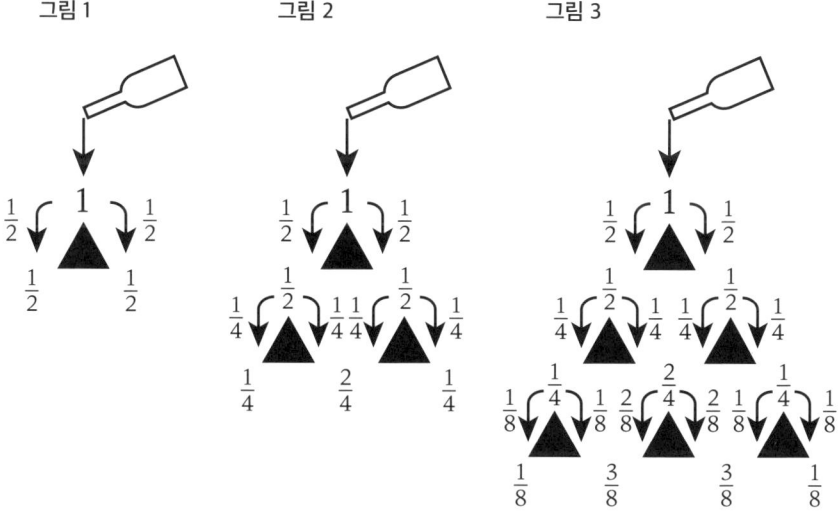

조금씩 규칙이 눈에 들어올 것이다. 결국 '바로 위에 있는 두 개의 수를 각각 1/2배한 다음 서로 더한다(위에 수가 하나밖에 없는 경우는 1/2만 곱한다)'는 규칙으로 수가 나열된다. 분수를 약분하지 않은 상태로 두면 계산이 더 수월하다.

'위 두 개 수에서 분자를 더하고, 분모를 2배한다(위에 수가 하나밖에 없는 경우는 분모만 2배한다)'가 된다.

요령을 알면 기계적인 계산이 가능하다. 이 규칙에 따라서 여섯 번째 단까지 수를 나열하면 다음 페이지의 그림과 같은 숫자 피라미드가 완성된다.

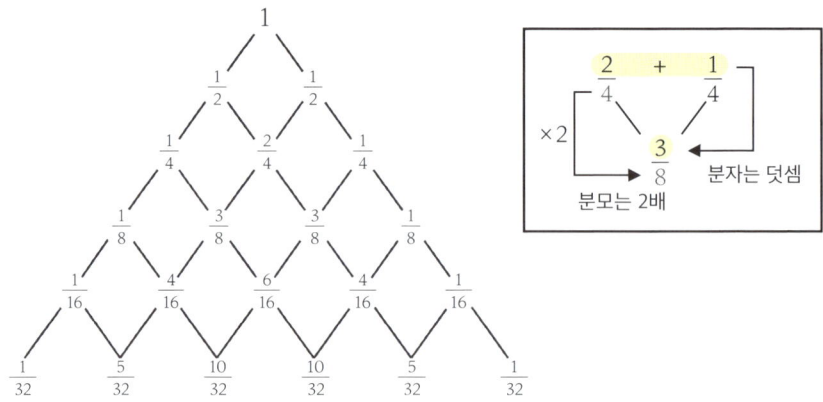

나열된 숫자는 맨 위에서 부어진 1 분량의 샴페인이 각 단에서 어떻게 분배되는지 나타낸 것이다. '분배비'를 쉽게 알아보도록 숫자에서 <mark>분자만 따로 제시</mark>하면 다음과 같다.

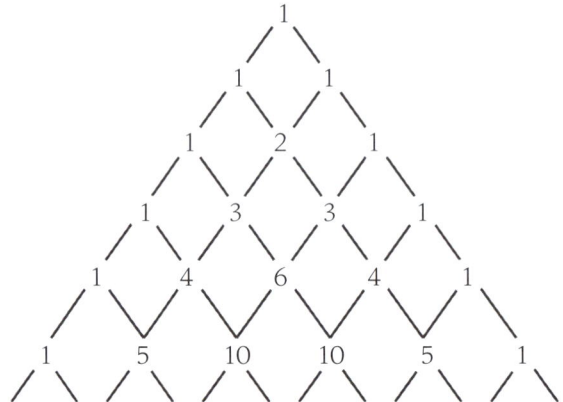

앞에서 확인된, 샴페인 타워의 아래로 갈수록 '가운데 잔에 액체가 집중되는' 경향은 이 삼각형에서 더 확연하게 드러난다.

예를 들면, 네 번째 단의 액체 분배비는 '1 : 3 : 3 : 1'로, 양쪽 끝보다 가운데에 3배 많은 액체가 모인다.

여섯 번째 단은 '1 : 5 : 10 : 10 : 5 : 1'이 되어 양쪽 끝보다 가운데에 10배 많은 액체가 모이는 것을 알 수 있다.

사실, 왼쪽 페이지 피라미드 모양의 수 배열은 **'파스칼의 삼각형'**으로 알려져 있다.

피라미드에서 수는 맨 위를 1로 하고, **'모든 숫자가 자기 위에 있는 두 개 수의 합(위에 숫자가 하나밖에 없는 경우는 그 수)'**이라는 규칙으로 배열된 것을 알 수 있다.

자, 다시 주제로 돌아와보자.

결론부터 말하면, 한 방울도 아깝게 버려지는 샴페인 없이 샴페인 타워 이벤트를 무사히 마치려면 잔의 용량을 파스칼의 삼각형과 같이 정하면 된다.

그림으로 나타내면 다음과 같다.

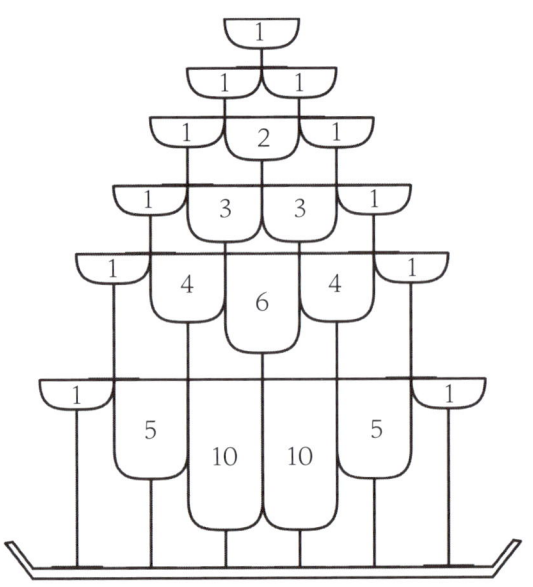

왜 이런 모양이 되는지 살펴보자.

액체는 먼저 맨 위에 있는 잔을 채운다. 여기서 기억할 것은 '가득 채워진 잔'은 '용량이 0인 잔'과 마찬가지로, 즉 85페이지에 있는 '삼각형 형태'와 동일한 흐름을 보인다

는 사실이다.

파스칼의 삼각형에서 보면 두 번째 단에 흘러내리는 액체 양의 비는 1 : 1이기 때문에, 여기에 맞는 용량의 잔을 배치하면

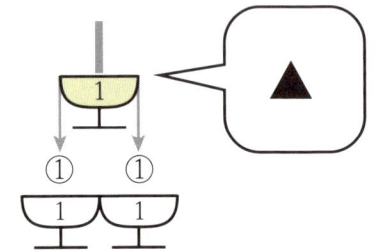

두 잔은 동시에 가득 차게 된다.

마찬가지로 두 번째 단까지 잔이 가득 찬 후 세 번째 단으로 흘러내리는 액체의 분량 비는 1 : 2 : 1이 된다.

이 비율대로 용량에 맞는 잔을 배치하면 3개의 잔은 동시에 가득 찬다. 세 번째 단도 동일하게 적용된다.

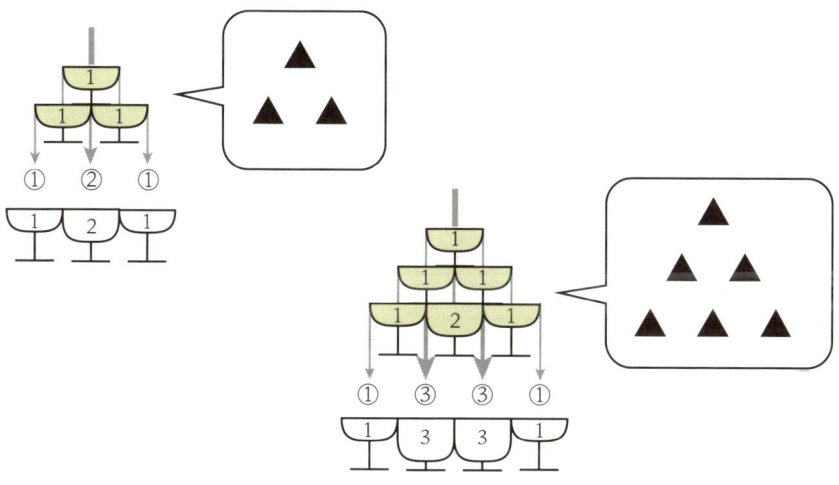

결국, 파스칼의 삼각형처럼 잔의 용량을 설정하면 각 단의 잔은 항상 동시에 가득 차서 넘치기 때문에 버려지는 액체가 없다.

여섯 단짜리 타워에서 모든 잔의 용량을 더하면 63이다. '샴페인 타워의 불편한 진실'에서 샴페인 타워의 모든 잔을 채울 때 필요한 샴페인의 양과 동일하다. 63잔 분량을 부은 결과를 '샴페인 타워의 불편한 진실'에서 사용했던 도표로 정리해보겠다.

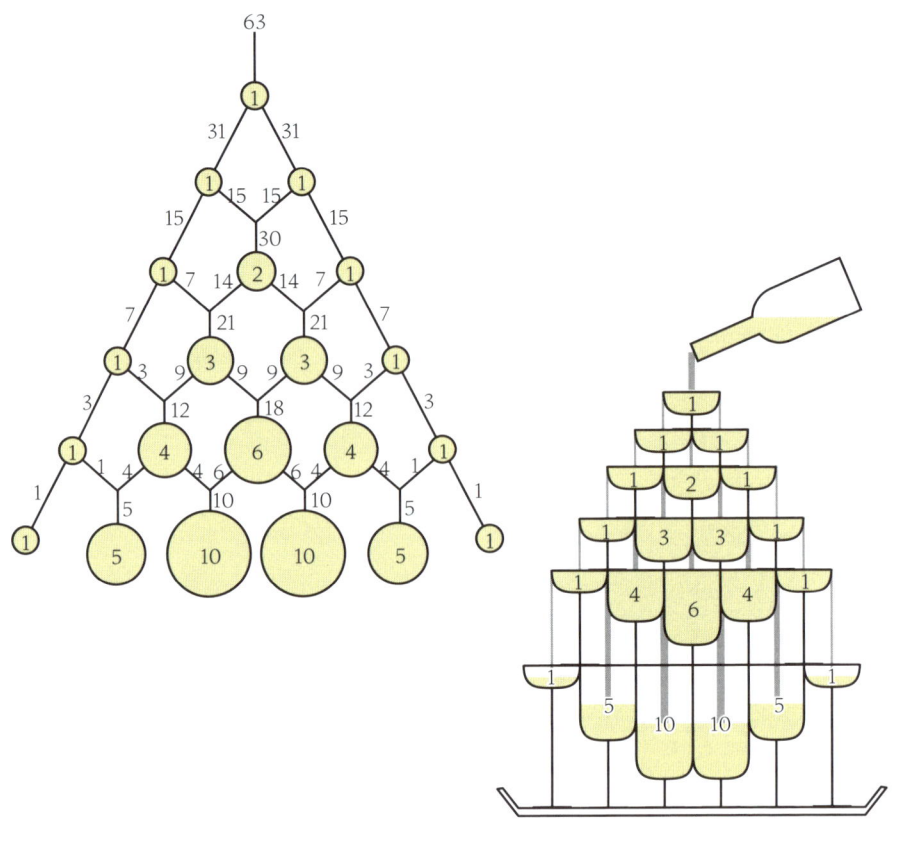

액체가 모든 잔에 채워지는 모양이 굉장히 깔끔하다. '샴페인 타워의 불편한 진실'의 서두에서 언급한 경제학의 '트리클 다운(trickle down)'도 이 모델과 같다면 마다할 이유가 없을 것 같다.

사소한 호기심과 뼛속까지 궁상맞은 성격에서 시작된 고민이 뜻하지 않게 깊이 있는 수학적 사고로 이어지다니, 마냥 재미있다.

## 묘지 근처에서 교통사고가 자주 발생하는 이유

왕　"요즘 '열사병'으로 의원에 실려 오는 환자가 늘고 있다는데, 그 원인을 모르는 것이냐?"

신하　"전하, 당국에서도 전력을 다해 조사해본 결과 드디어 원인을 찾아냈습니다."

왕　"무엇이더냐?"

신하　"바로 '아이스크림'입니다."

왕　"무슨 소리냐! '아이스크림'을 먹어서 '열사병'에 걸리기라도 했단 말이냐? 지금 그 말을 믿으라는 것이냐?"

신하　"믿지 못하시는 것이 당연합니다. 하지만 분명한 근거를 보여드리겠사옵니다. 최근 한 달간 '아이스크림 판매량'과 '열사병 환자의 내원 건수'를 나타낸 것이옵니다. 보시는 바와 같이 아이스크림 판매량이 많은 날에는 환자의 수도 증가하였는데, 이는 명백한 사실입니다."

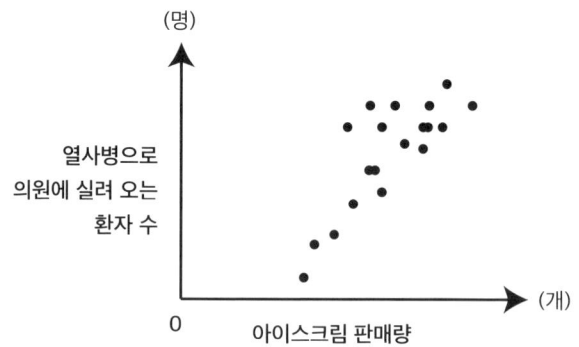

왕 "그거 큰일이구나. 즉시 '아이스크림' 판매 중지법을 만들도록 하여라."

신하 "네, 전하. 명을 받들겠사옵니다. 그 전에 한 가지 더 중요한 자료가 있습니다."

왕 "무엇이냐?"

신하 "'어묵 판매량'과 '열사병 환자의 내원 건수'를 나타낸 표를 봐주십시오. 어묵의 판매량이 증가한 날은 열사병 환자 수가 눈에 띄게

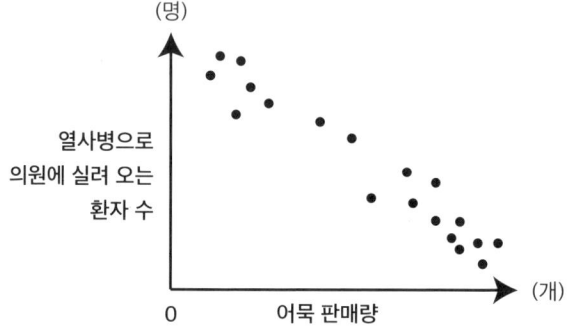

줄였습니다."

왕 "어찌된 영문이냐? 그러니까 '어묵'이 열사병 예방에 특효약이라는 말이냐?"

신하 "그러하옵니다."

왕 "그렇다면 여름에는 '어묵'을 먹도록 권장하는 공익광고를 만들도록 하여라. '어묵을 먹고 열사병을 이기자'로 하면 어떻겠느냐?"

상상의 왕국에서 일어난 상상의 이야기. 물론 자료도 가공한 것이다.

한데, 신하가 제시한 자료가 거짓이 아님에도 불구하고 결론은 엉터리라는 것을 알 수 있다. 열사병 환자의 증가도, 아이스크림 판매량이 늘어나는 것도, 모두 '더위'가 원인이다. 그렇기 때문에 '아이스크림 판매량'이 늘어난 날에 '열사병 환자의 내원 건수'가 증가하는 것도 어찌 보면 당연한 결과다.

한쪽이 증가할 때 다른 한쪽도 함께 증가하는 (또는 감소하는) 관계를 '==상관관계=='라 하고, 한쪽이 원인이고 다른 한쪽이 결과인 관계를 '==인과관계=='라 한다.

==A와 B라는 두 사건 사이에 '상관관계'가 있다 하더라도 이 둘 사이에 반드시 '인과관계'가 성립되는 것은 아니다.== 앞의 열사병 사례와 같이 A와 B라는 두 사건이 공통의 원인 C에 의해 일어나는 경우, A와 B는 상관관계를 보인다.

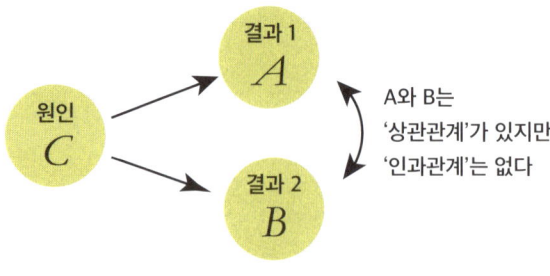

 '상관관계'를 '인과관계'로 착각하면 앞의 엉뚱한 이야기처럼 어처구니없는 결론에 이르게 된다.

 그저 웃고 넘길 이야기가 아니다. 사람들 사이에 떠도는 통설부터 엄격한 학문의 세계까지, 단순한 '상관관계'를 '인과관계'로 넘겨짚어 그릇된 결론에 이른 예는 수도 없이 많다. <mark>잘못된 결과일수록 '정확한 데이터에 근거하고 있다.'</mark>

 혹시 이런 이야기를 들어 본 적이 있는가? 교통사고가 유난히 많이 발생하는 곳이 있어서 조사해보았더니 옛날에 묘지가 있었다는 등의 흔한 도시 괴담 말이다.

 그런데 제대로 파고들면 교통사고 다발 장소가 이전에 묘지터였다는 사례는 꽤 많은 것 같다. 다음의 논리로 설명할 수 있다.

 원래 묘지 주변은 땅값이 저렴하기 때문에 길을 내기 쉬운 반면, 묘지를 그대로 둔 채 길을 둘러서 만드느라 급커브 구간이 생길 수밖에 없다. 급커브 구간에서는 아무래도 사고가 나기 쉽기 때문에 결과적으로 묘지 근처에서 사고가 잦은 것처럼 보이는 것이다.

물론 이것으로 모두 설명되지는 않지만, 여기서 강조하고 싶은 점은 **상관관계를 단순히 인과관계로 해석하는 것은 위험하며, 인과관계 여부는 아주 신중하게 검토해야 한다**는 사실이다.

사람은 데이터에 약하다. 데이터를 근거로 제시하면 아무리 믿기 힘든 것도 곧잘 믿어버린다.

하지만 정보화 시대를 살아가는 우리는, 아무리 데이터가 정확해도 엉뚱한 결론이 도출되기도 하고, 때로는 불순한 의도를 가지고 데이터를 교묘하게 조작해서 잘못된 결론으로 유도하는 사람들이 있다는 사실을 명심해야 한다.

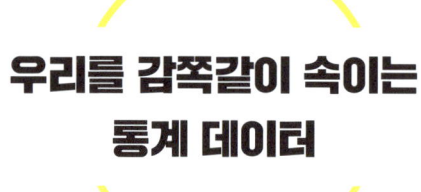

# 우리를 감쪽같이 속이는 통계 데이터

'고속도로에서 발생한 교통사고 사망자 중 40퍼센트가 안전벨트를 착용하지 않았습니다.'

안전운전을 독려하는 전단지에 등장하는 이 문구를 보고 굉장히 의외라는 생각이 들었다. 안전벨트를 하고 있으면 사고 상황에서 안전성이 상당히 확보된다는 인식이 있어서, 당연히 교통사고 사망자 중에 안전벨트 미착용자의 비율이 높을 것이라고 생각했기 때문이다.

하지만 사실은 그 반대다. 안전벨트를 착용했는데도 불구하고 사망한 사람이, 안전벨트를 착용하지 않고 사망한 사람보다 많다. 이렇게 보면 오히려 안전벨트의 유효성에 의문이 들지 않는가?

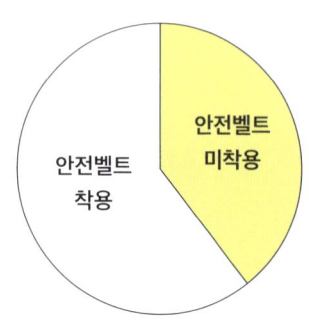

전단지에서 제시한 교통사고 사망자 비율

결론부터 말하자면, 이것은 완전히 말도 안 되는 소리다.

여기서 고려해야 할 것은 현재 일본에서 '대부분의 사람이 안전벨트를 착용한다'는 사실이다.

운전자를 무작위로 추출했을 때 대부분 안전벨트를 착용하고 있지만, '교통사고 사망자'로 추려지면 '40퍼센트나' 안전벨트를 착용하고 있지 않기 때문에, 이것만 비교해도 안전벨트가 매우 효과적이라는 것을 알 수 있다.

이제 구체적인 수치로 따져보자. 경찰청 홈페이지에 따르면 안전벨트 착용률은 (앞좌석에 한하여) 95퍼센트다. 즉, 운전자 1만 명 중 9,500명이 안전벨트를 착용했고 나머지 500명이 미착용자라는 계산이다.

그런데 이 1만 명 중에서 교통사고 사망자가 10명이라고 가정해보자. 앞의 데이터에 따르면 6명이 안전벨트를 하고, 4명은 안전벨트를 하고 있지 않다.

다음으로 운전자를 '안전벨트 착용 그룹'과 '안전벨트 미착용 그룹'으로 나누고, 각각 교통사고 사망자 비율을 비교해보자.

안전벨트 착용 그룹에서 교통사고 사망자 비율은 다음과 같다.

$$\frac{6}{9,500} = 약\ 0.00063$$

또, 안전벨트 미착용 그룹에서 교통사고 사망자 비율은 다음과 같다.

$$\frac{4}{500} = 0.008$$

즉, 안전벨트 미착용 그룹의 교통사고 사망자 비율이 12.7배 높다는 결론에 이른다.

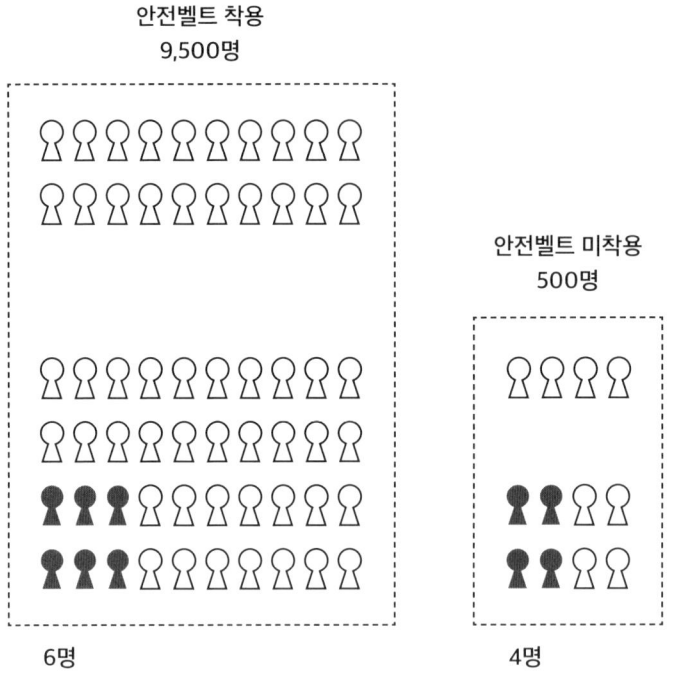

안전벨트 착용자 중 사망한 사람이 안전벨트 미착용자 중 사망한 사람보다 확실히 많지만, 그것은 안전벨트 착용자의 모수가 압도적으로 많기 때문에 당연한 결과다. 하지만 비율로 따져보면 굉장히 적다는 것을 알 수 있다.

특정 속성을 지닌 사람만을 추려내, 그중 몇 퍼센트가 X를 했다는 식으로 주장하는 경우가 많은데, 이때 특정 속성에 관계없이 원래 'X를 하는 사람의 비중'을 제시하지 않으면 주장은 의미가 없다. 게다가 잘못된 인식을 심어줄 우려도 있다. 다음의 문장을 살펴보자.

=='할리우드 셀럽은 80퍼센트가 매일 아침 X를 한다.'==

사람들은 이 문장에서 X라는 행위가 뭔가 특별해서 거기에 스타의 비결이 있을 거라 생각하기 쉽다. 하지만 다음처럼 바꾸면 어떨까?

=='할리우드 셀럽은 80퍼센트가 매일 아침 세수를 한다.'==

그러면 당장 '그게 뭐 어떻다고?'라며 시큰둥한 반응을 보일 것이다. 할리우드 셀럽이든 친척 아저씨든 누구나 아침에 세수하기 때문에 지극히 당연한 이야기가 된다. 아니, 만약 보통 90퍼센트의 사람들이 아침에 세수한다는 데이터가 있다면 '할리우드 셀럽은 의외로 세수를 하지 않는다'는 결론마저 나올 수 있다.

어쨌든 '일반적으로 세상에 X를 하는 사람이 몇 퍼센트인가' 하는 정보가 없다면 앞의 문장에서 의미 있는 결론을 도출할 수 없다.

비록 데이터 자체에는 문제가 없더라도 필요한 정보를 교묘하게 숨김으로써 사실과 다른 인식을 심어줄 수 있다는 점에서, 우리는 통계를 접할 때 매우 주의해야 한다.

한 가지 예를 더 들어보겠다. 어떤 감염증 검사 키트가 있다. 검사 키트는 감염자에게 사용하면 99.9퍼센트의 확률로 '양성' 판정이 나오고, 비감염자에게 사용하면 99.9퍼센트의 확률로 '음성' 판정이 나온다.

|  | 양성 | 음성 |
|---|---|---|
| 감염자 | 99.9% | 0.1% |
| 비감염자 | 0.1% | 99.9% |

□ 정확도

진단의 정확도는 99.9퍼센트이기 때문에 굉장히 신뢰성 높은 키트라 할 수 있다.

만약 여러분이 무작위로 추출되어 이 검사를 받았다고 하자. '양성'이 나왔다면, 대부분 이 정도로 정확도가 높은 진단 키트에서 '양성'이 나왔으니 감염증에 걸렸구나 하고 받아들일 것이다.

하지만 반드시 그렇지는 않다. 사실 한 가지 정보가 더 필요하다. **'원래 이 감염증에 감염된 사람의 비율은 어느 정도인가'** 하는 것이다.

만약 감염자의 비율이 0.1퍼센트, 즉 100만 명 중 1,000명이 감염되고 나머지 99만 9,000명이 감염되지 않았다고 하자. 100만 명에게 검사 키트를 사용했을 경우, 정확히 양성 판정을 받은 사람은 1,000명 중 99.9퍼센트, 즉 999명이다.

그러나 오진일 경우도 비감염자의 0.1퍼센트이기 때문에 99만 9,000명의 0.1퍼센트를 계산하면 마찬가지로 999명이 된다. 양성 판정을 받은 사람 중에서만 따져보면, 감염자와 비감염자 수는 동일하다. 즉, 내가 감염자일 확률은 **50퍼센트에 불과**하다는 말이다.

바로 여기서 안전벨트의 사례와 같은 일이 일어난다. 비감염자가 양성 판정을 받을 확률은 지극히 낮지만, 비감염자의 모수가 압도적으로 많기 때문에 그 절대수도 많아진다. 그렇기 때문에 양성자에 한해서만 본다면 비감염자의 비율이 높게 나온다.

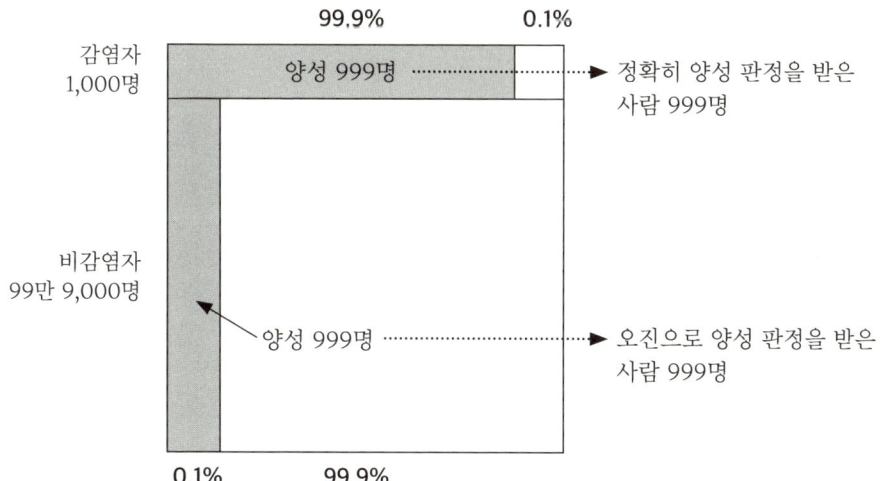

물론 감염증의 증상이 발현되거나, 감염 위험이 높은 장소에 머무른 적이 있는 경우라면 결과는 더욱 신뢰할 수 있겠지만, 검사 키트의 정확도가 꽤 높더라도 주의 깊게 결과를 검증할 필요가 있다.

'숫자는 거짓말을 하지 않는다'고 하지만 그 숫자를 다루는 사람은 그렇지 않다.

아무리 데이터가 정확해도 그것을 해석하는 주체는 우리 자신이다. 그렇기 때문에 현대사회에서는 무엇을 '취하고', '버릴지' 끝까지 확인하는 눈이 점점 더 중요해진다.

## 사람들은 왜 '열흘에 1할의 고리'를 대수롭지 않게 여길까?

　어렸을 때 친구들과 자주 '복권에 당첨돼서 1억 엔이 생기면 뭘 할까?' 하고 들떠서 상상의 날개를 펼치고는 했다.

　다들 큰 집을 산다는 둥, 장난감 가게에 있는 게임기를 몽땅 사겠다는 둥 허황한 꿈에 부풀어 있을 때, '바보 같기는! 은행에 넣어두면 평생 이자로 먹고살 수 있는데'라면서 찬물을 끼얹는 녀석이 꼭 있었다.

　놀라지 마시라. 은행 금리가 보통 5~8퍼센트나 하던 1980년대 전반이었으니 지극히 현실적인 이야기였다.

　참고로, 현재 은행 금리는 0.1퍼센트도 되지 않는다. 당시 너무나 현실적이라서 우습다고 생각했던 '이자로 먹고산다'는 말이 지금은 꿈 같은 이야기가 되어버렸다.

　여기서는 오히려 저금리 시대라서 가능해진 좀스러운 계산 기술을 선보이겠다.

예컨대 원금 1만 엔을 연 금리 1퍼센트로 5년 동안 저축하면 얼마가 불어날까?

첫 해는 1만 엔에 0.1퍼센트의 이자가 붙어서 1.001(만 엔)이 된다. 두 번째 해는 불어난 원금에 0.1퍼센트의 이자가 붙어서,

$$1.001 \times 1.001 = 1.001^2 (만 엔)$$

이 된다. 이렇게 5년 동안의 저축액을 계산해보면 다음과 같다.

$$\underbrace{1.001 \times \cdots \times 1.001}_{5개} = 1.001^5 (만 엔)$$

1.001을 다섯 번 곱하려면 보통은 계산기가 있어야 하겠지만, 머릿속에서 '대략적인 값'을 순식간에 암산하는 방법이 있다. 계산법부터 말하자면, 소수점 이하 부분에 거듭제곱 숫자를 곱하면 된다.

$$1.001^5 \fallingdotseq 1.005 \ (만\ 엔) \quad (1 \times 5)$$

얼토당토않아서 어이없다면, 계산기로 직접 두드려보기 바란다.

$$1.001^5 = 1.00501001001$$

정확한 값은 어림값 1.005와 1퍼센트 정도의 오차밖에 나지 않는다. 금액으로 따져보면 0.1엔, 즉 1/100엔의 오차 정도로 무시해도 무방하다.

  금리가 어느 정도 낮다면, 이 계산법은 꽤 효율적이다. 예를 들어 1만 엔을 연 금리 0.3퍼센트로 8년 동안 맡겼을 때 저축액을 어림해보면,

$$1.003^8 \fallingdotseq 1.024 \text{ (만 엔)}$$

(3×8)

이 되고, 이자는 약 240엔이 되는 것을 알 수 있다. 정확한 계산 결과를 보면,

$$1.003^8 = 1.02425351768$$

이 되고, 이자는 242엔이다. 오차는 2엔에 불과하다. 일반적으로는 $h$가 1 또는 $n$에 비해 충분히 작을 때는 다음의 식이 성립된다.

$$(1 + h)^n \fallingdotseq 1 + nh$$

($h \times n$)

좌변은 금액이 매년 (1+$h$)배 되는 것에 비해, 우변은 금액이 매년 일정의 $h$만 늘어난다.

좌변처럼 금리가 붙는 방식을 '**복리**'라 하고, 우변처럼 금리가 붙는 방식을 '**단리**'라 한다. 수학적 개념에서 복리는 '**지수적 증가**', 단리는 '**비례적 증가**'다.

앞 페이지의 식은 요컨대, 금리가 낮을 때는 몇 해 동안 '복리(지수적 증가)'와 '단리(비례적 증가)' 사이에 큰 차이가 없다.

이 개념을 알아두면 계산할 때 굉장히 편하다. 하지만 무시무시한 지옥행 이정표가 된다는 사실도 기억하자. 이자가 붙는 것은 저축뿐 아니라 대출에서도 마찬가지다.

드라마 같은 데서 불법 사채를 쓰고 '열흘에 1할의 고리' 이자를 내는 장면을 본 적이 있을 것이다. 차용 후 열흘이 지나면 빌린 돈에 10퍼센트의 복리가 붙는 식이다.

이 사채업자로부터 1만 엔을 빌렸다고 해보자. 대출금은 **10일 후 1만 1,000엔, 20일 후에는 1만 2,100엔, 30일 후에는 1만 3,310엔**이 된다.

'이자가 꽤 높기는 하지만 한 달에 3,000엔 정도라면 어떻게 해볼 수 있겠다.'

라고 생각했다면 조심하기 바란다. 3년간 빌리면 빚은 얼마가 될까?

**약 3억 3,000만 엔**이 된다.

'사기다!'라고 말하고 싶겠지만, 안타깝게도 애초의 계약을 성실히 이행한 한 치의 거짓 없는 결과다.

언제 이렇게 생각과 현실 사이에 괴리가 생겨버린 것일까?

여기에는 '지수'의 성질이 관련되어 있는데, 다음 그래프를 살펴보자.

$y = 1.1^x$의 그래프는 '열흘에 1할의 고리' 복리의 금액 증가법이다. 앞

서 보았듯이, 이 식에서 $x$가 작을 때는 **$y = 1+0.1x$**라는 '직선' 그래프와 근사하다.

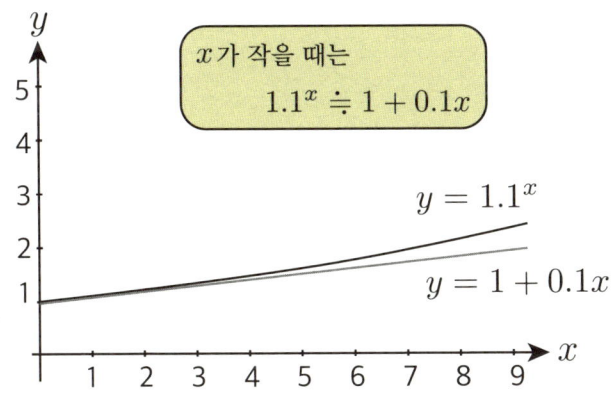

확실히 두 그래프를 비교하면 다섯, 여섯 번째 상환 기한까지는 거의 차이가 없다.

그래서 사람들은 무심결에 복리로 금액이 늘어나는 계산법을 직선의 '비례적 증가'와 비슷할 것이라 착각하고 만다.

그렇게 지옥의 서막이 오른다. '지수'는 '비례'의 가면을 쓰고 우리에게 접근해서 안심시킨 다음 진짜 얼굴을 드러낸다. 다음의 그래프를 잘 살펴보라.

20회째 상환 기한을 넘어서면서부터 지수 그래프는 단숨에 증가한다. 그런 줄도 모르고 변제자는 자신의 빚이 **$y = 1+0.1x$**의 직선처럼 '비례적 증가'일 거라고 방심한 채 잊고 지낸다.

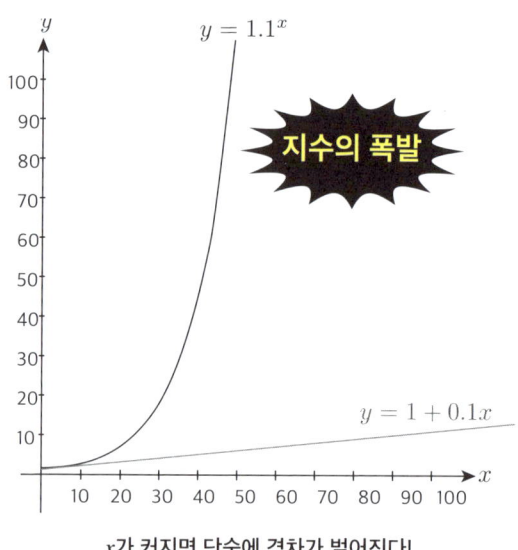

*x*가 커지면 단숨에 격차가 벌어진다!

그러는 사이 기울기는 시간이 지남에 따라 가팔라지고, 정신을 차렸을 때는 이미 걷잡을 수 없을 정도로 끔찍한 현실이 눈앞에 펼쳐져 있다.

'고리 대출은 언젠가 터져버릴 폭탄을 안고 있는 것이나 다름없다'는 말을, 이 그래프와 함께 마음에 새기기 바란다.

제 3 장

# 교과서에 실렸으면 하는
# 수학 이야기

# '불행의 편지'가 증가하는 메커니즘

> 이것은 불행의 편지입니다. 이것을 받은 사람은 똑같은 내용의 편지를 50시간 안에 29명에게 보내세요. 그렇지 않으면 당신에게 불행이 찾아옵니다.

위와 같이 다른 사람에게 편지를 퍼뜨릴 것을 요구하는 내용의 편지를 '연쇄 편지'라고 하는데, 명백히 남을 속이는 행위이자 때에 따라서는 범죄가 되기도 한다.

역사가 의외로 깊은데, '불행의 편지(일명 행운의 편지)'는 지금으로부터 50여 년 전인 1970년대에 유행했다.

지금과 크게 다른 점이 있다면 복사나 붙여넣기, 한꺼번에 보내기 등이 불가능한 시대라 '일일이 손으로 써서 보내야' 했다는 것이다. 실제로 편지 내용도 꽤 길었으며, '토씨 하나 틀리지 않고 똑같이 베껴 써야 한다'는 까다로운 조건도 붙었다.

50시간 내에 29명분의 편지를 쓰기란 여간 고달픈 일이 아니며 우편료도 무시할 수 없다. 하지만 편지를 보내지 않으면 불행이 찾아온다고 하니, 보내지 않을 수도 없는 처지여서 이미 충분히 불행하다.

이 편지가 유행하던 당시, 재미있는 에피소드가 있다. '몽둥이 편지'라는 아류가 등장했는데, '이것은 몽둥이 편지입니다'로 시작해서 '당신에게 몽둥이가 찾아옵니다'로 끝난다.

어찌된 영문인가 하면, 휘갈겨 쓴 '불행(不幸)'을 누군가 '봉(棒)'으로 잘못 읽고 베껴 쓴 것이 퍼져 나간 것 같다.

누가 봐도 말이 안 되는 걸 알지만, 어쨌거나 '토씨 하나 틀리지 않고 똑같이 베껴 써야 한다'는 규칙 때문에 마음대로 고칠 수도 없는 노릇이다. 그랬다가는 만에 하나 '몽둥이가 찾아올'지도 모르기 때문이다. 솔직히 막연하게 '불행이 찾아온다'는 말보다도 훨씬 무섭다.

흥미로우면서도 왠지 찜찜한 점은 누가, 무슨 목적으로 이 '불행의 편지'를 시작했는지 불분명하다는 것이다.

굳이 생각해보자면, 그저 자신의 수를 늘려 나가려는 이유가 아닐까? 자기를 복제하는 구조를 만들고, 복제 단계에서 실수가 나와 변이한다. 그리고 사람을 매개로 확산된다.

이런 점에서 **'불행의 편지'는 어쩐지 바이러스와 닮아 있다.** 사람들의 불안한 감정을 먹고 퍼져 나가는 바이러스와 같다.

어쨌거나 여기서는 수학적 호기심의 차원에서 '불행의 편지'를 다루어보려 한다. 복제 규칙의 방식에 따라 편지가 확산되는 양상은 어떻게 달라질까?

간단히 설명하기 위해, 편지를 받은 사람은 모두 지시를 충실히 따르고 편지는 그날 안에 상대에게 전달된다고 하자.

먼저 다음과 같은 글귀의 편지를 가정해보겠다.

> <편지A>
> 이 편지를 받은 사람은 똑같은 내용으로 다음날 다른 한 사람에게 편지를 보내세요.

이 경우는 사실 편지가 늘어나는 방식이 단순하다. 하루에 한 명씩 새로 편지를 받은 사람이 늘어난다. 첫째 날 한 사람에게 보냈다고 하면 10일째 되는 날에는 10명, 20일째는 20명이 된다.

증가 양상이 아주 완만해 불행의 편지라고 여겨지지 않는다.

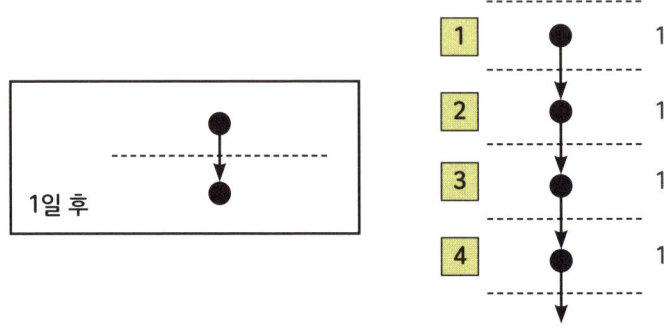

규칙을 '조금' 바꿔서, 편지를 보내는 인원수를 한 사람에서 두 사람으로 늘려보자.

> <편지B>
> 이 편지를 받은 사람은 똑같은 내용으로 다음날 다른 두 사람에게 편지를 보내세요.

편지를 써 보내는 입장에서는 고작 한 명 늘어났을 뿐인데 편지의 증가 양상은 하늘과 땅 차이가 된다.

첫째 날 편지를 받은 사람은 한 명이다. 그 한 사람이 두 명에게 편지를 보내게 되므로 둘째 날에는 두 명이 새롭게 편지를 받는다. 이 두 명이 또 각각 두 명에게 편지를 보내기 때문에 셋째 날에는 2×2=4명이 새롭게 편지를 받는다. 이와 같이 편지를 새로 받게 되는 사람은 2배씩 늘어나게 된다.

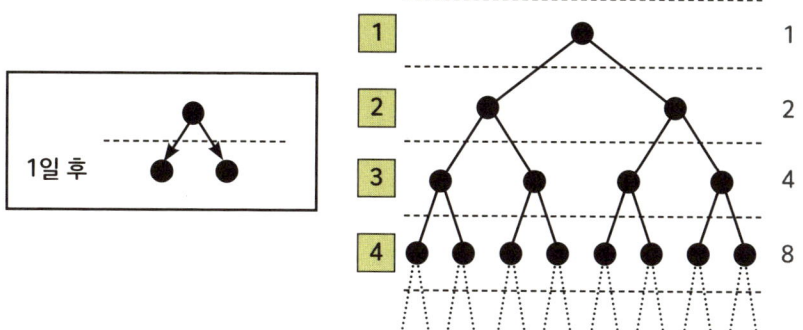

이런 식으로 편지를 받는 사람은 폭발적으로 늘어나 10일째가 되면 1,000명이 넘고, 20일째에는 100만 명을 넘어 급기야 한 달도 되지 않아 일본 인구를 가볍게 제친다.

A와 B의 차이는 앞 장에서 다룬 **'단리'와 '복리', 즉 '비례적 증가'와 '지수적 증가'의 차이**로 설명할 수 있다. 이 예시로 '지수적 증가'의 위력을 다시 한 번 확인했다. 바이러스의 경우로 본다면, 한 사람에게 전염되는지 아니면 두 사람에게 전염되는지에 따라 감염속도는 엄청난 차이를 보인다는 점에서 시사하는 바가 크다.

좀 더 이 이야기를 진행시켜보려 한다. A만큼 느슨하지 않으면서 동시에 B만큼 엄격하지 않은, 중간 즈음에 있는 규칙을 생각해보자. 아마 다음과 같을 것이다.

> **<편지C>**
> 이 편지를 받은 사람은 똑같은 내용으로 다음날 다른 한 사람에게 편지를 보내세요. 그리고 그 다음날 또 다른 한 사람에게 보내세요.

편지를 받은 사람이 두 통의 편지를 보내는 것은 B와 같지만, 이틀에 걸쳐서 보내도록 한다는 점에서, 보내는 사람의 부담을 덜어주려는 의도가 느껴진다.

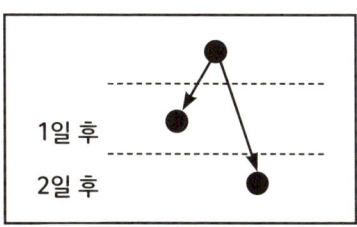

 이 경우 편지가 어떻게 증가할지 예상해보자. A와 같은 '비례적 증가'일까, 아니면 B와 같은 '지수적 증가'일까?

 구체적으로 따져보자. 1일째 편지를 받은 사람은 2일째 한 통, 그리고 3일째 한 통의 편지를 보낸다(그림 1), 2일째 편지를 받은 사람은 3일째 한 통, 그리고 4일째 한 통의 편지를 보낸다(그림 2). 계속해서 같은 방식으로 이어나가면 4일째까지 편지를 받은 사람의 수는 '1, 1, 2, 3'명으로 늘어나게 된다(그림 3).

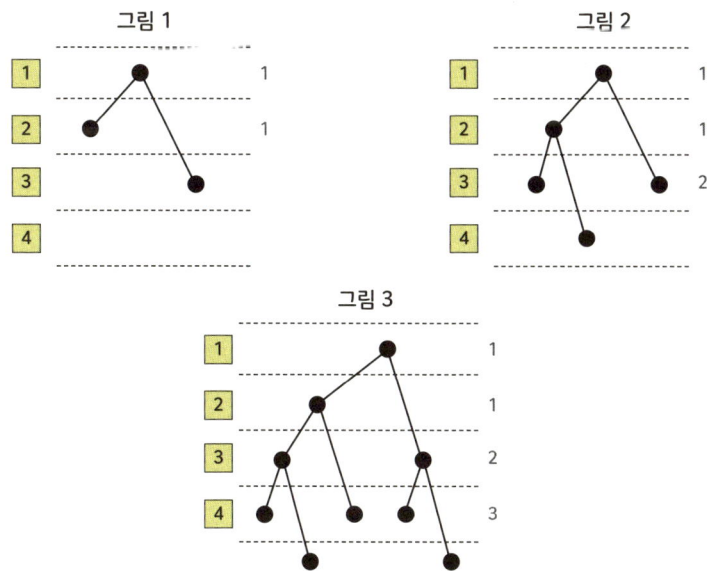

여기에는 어떤 규칙이 적용되는 것일까? 예를 들어 5일째 도착한 편지는 '4일째 편지를 받은 사람이 하루 후에 보낸 편지(다음 그림의 ◎)' 또는 '3일째 편지를 받은 사람이 2일 후 보낸 편지(다음 그림의 ○)' 중 하나다. 그 말은 즉,

**(5일 후에 편지를 받은 사람의 수)**
**=(4일 후 편지를 받은 사람의 수) + (3일 후 편지를 받은 사람의 수)**

라는 규칙이 성립된다. 일반화하면, 어느 날 편지를 받은 사람의 수는 그 전날과 전전날에 편지를 받은 사람 수의 합이다.

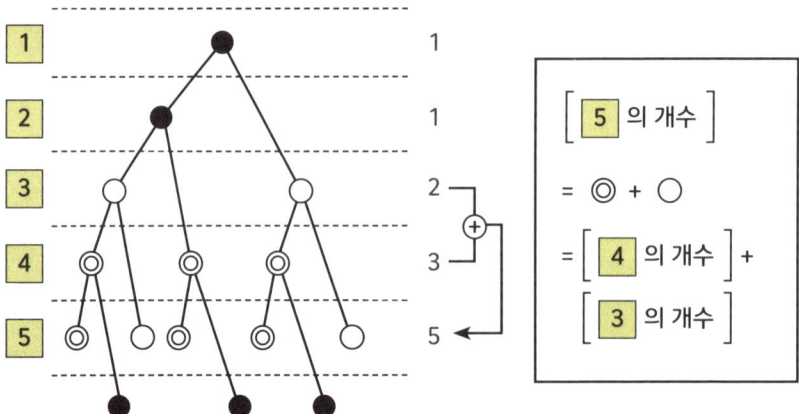

이 규칙에 따라 뒤에 오는 수를 나열해보자.

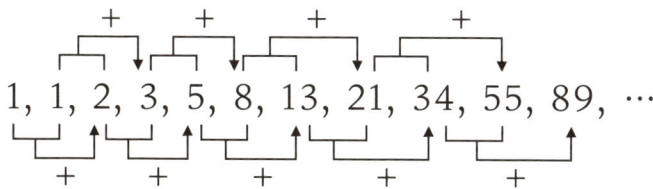

이것은 **피보나치 수열**이라 불리는 아주 유명한 수열이다. 여기서 수의 증가 양상은 A처럼 일정하지도, B처럼 급격하게 늘어나지도 않는다.

재미 삼아 다음에 오는 수와의 비율을 계산해보면 다음과 같다.

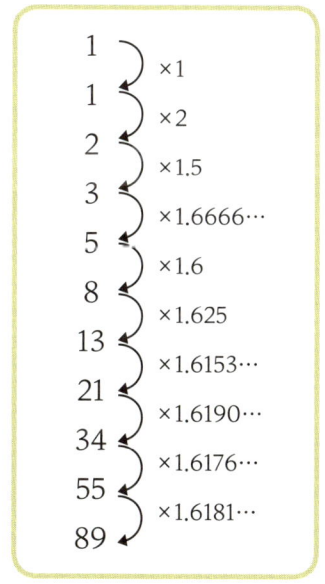

비율은 일정하지는 않지만, 뒤로 갈수록 1.6보다 약간 큰 값으로 정리되는 것 같다. 결론부터 말하자면 이 비율은,

**1.6180339887……**

이라는 숫자에 한없이 가까워진다. 즉, 편지 C는 '약 1.6배'씩 증가하는 '지수적 증가'로 볼 수 있다.

B보다는 증가 양상이 느슨하지만, 지수적 증가인 이상 뒤로 갈수록 폭발적으로 늘어난다.

그렇다 치더라도 이 알쏭달쏭한 숫자의 정체는 과연 뭘까? 사실 이 비율은 오래전부터 **황금비율**이라 불리는 신비의 수다.

황금비율에 대해서는 별도의 장에서 다시 자세히 다루겠다.

# 은메달리스트의 서러움

지구상에서 가장 강력한 곤충은 무엇일까?

가장 귀여운 만화 여주인공은 누구일까?

역대 가수 중 노래를 가장 잘하는 가수는 누구일까?

'온리원(Only One)이 되면 된다'고 하면서도 사람이란 별수 없이 넘버원(Number One)을 정하려 드는 족속인가 보다.

넘버원을 정하는 가장 잘 알려진 시스템은 토너먼트다. 다시 말해 '승자 진출' 방식으로, 두 명씩 대결해서 승자를 정하고 다시 그 승자 중에서 두 명씩 대결하여 승자를 정하고……그렇게 최후에 남은 한 사람이 넘버원이 된다.

단, 이 시스템이 성립되기 위해서는 토너먼트에서 한 가지 전제가 필요하다. 'A는 B를 이겼다'와 'B는 C를 이겼다'는 두 가지 사실이 있을 때 자동적으로 'A는 C를 이긴 것'으로 간주한다.

수학적인 개념에서는 이를 **추이 법칙**이라고 한다. 'A가 B를 이겼다'를 부등호로 'A>B'라 표시하고 'A>B인 동시에 B>C이면 A>C'가 된다. 숫자의 대소로 비교하면 당연한 논리처럼 보이지만, 일반적으로 추이 법칙이 성립되지 않는 경우도 있다.

'추이 법칙이 성립되지 않는 예'로 유명한 것이 바로 '가위바위보'다. '바위(묵)가 가위(찌)를 이긴다', '가위가 보(빠)를 이긴다'가 성립되지만 '바위가 보를 이긴다'는 성립되지 않는다. 돌아가며 승패가 정해지기 때문에 넘버원을 가릴 수 없다.

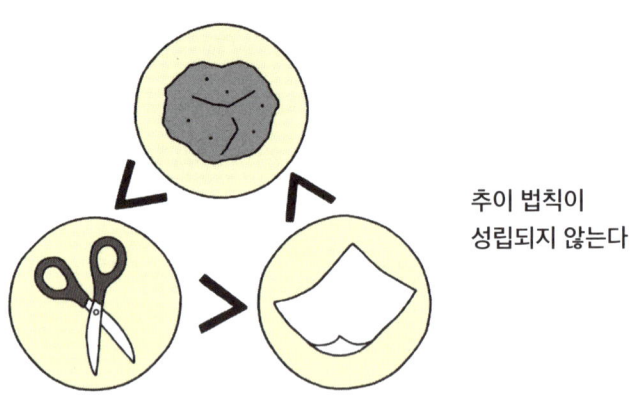

추이 법칙이 성립되지 않는다

이런 현상은 일의 승패나 호불호를 이야기할 때 비교적 일어나기 쉬운데, 이를 허용해버리면 애초에 넘버원을 정하는 것 자체가 불가능하므로 우선 추이 법칙의 성립을 확인하고 넘어가자.

토너먼트가 추이 법칙을 전제로 한 시스템이라는 것을 살펴보겠다. 예를 들어, A~H가 참가하는 토너먼트전의 결과가 다음 그림 1과 같다고 하자.

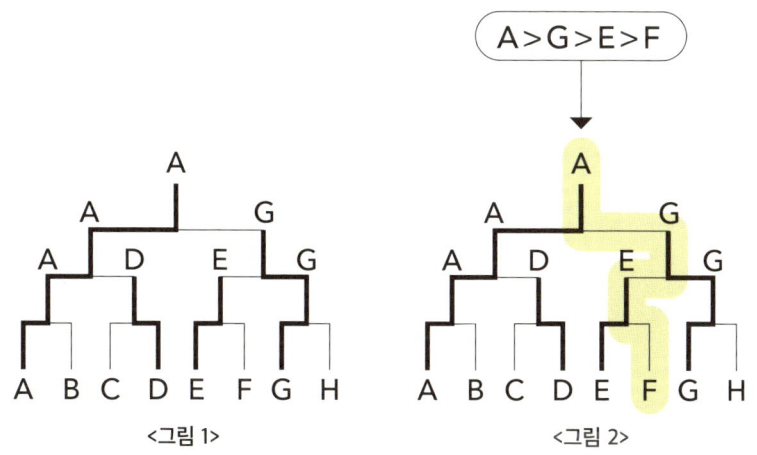

&lt;그림 1&gt;　　　　　　　&lt;그림 2&gt;

이때 어째서 'A는 모두를 이겼다'고 할 수 있을까? 승패의 관계를 부등호로 정리해보자. 가령, 그림 2에서 음영 처리한 부분을 위에서 아래로 따라 내려가 보면 A는 G를 이기고, G는 E를 이기고, E는 F를 이겼다는 것을 알 수 있다. 이것은 정리하면,

$$A > G > E > F$$

가 된다. 여기서 추이 법칙을 적용하면 'A>E(A가 E를 이겼다)'와 'A>F(A가 F를 이겼다)'가 성립된다. 이처럼 추이 법칙은 직접 겨루지 않은 상대와의 승패를 정해준다. 마찬가지로 나머지 부분에 대해서도 승패를 부등호로

나타내면 다음 그림과 같다.

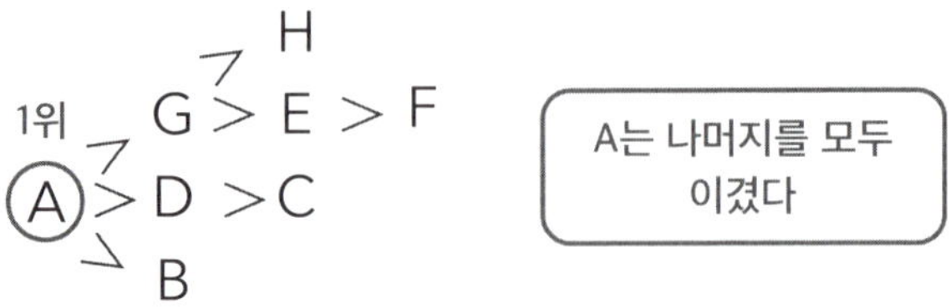

$$1위\ \overset{\nearrow}{\underset{\searrow}{\text{Ⓐ}}} \overset{\nearrow}{\underset{\searrow}{G}} \overset{H}{\underset{D}{>}} E > F \atop \phantom{AAA} >C \atop \phantom{AAAA} B$$

A는 나머지를 모두 이겼다

　A 이외의 누구에게서 출발해도 자기보다 강한 상대를 거쳐 가면 결국 A에 도달하므로 'A는 모두를 이겼다'고 할 수 있는 것이다.
　자, 본론은 이제부터다. 여기서 고민하고 싶은 것은 **토너먼트전에서 '2위'는 누구냐** 하는 문제다. 위와 마찬가지로 추이 법칙을 기준으로 따져 보았을 때 의외로 이상한 구석이 있다. 다시 한 번 앞의 그림을 보자.

$$1위\ \text{Ⓐ} \Big[ \begin{matrix} G & > & E > F \\ D & > & C \\ B & & \end{matrix} \Big]$$

2위 후보

　보통은 결승전에서 진 상대, 즉 G를 2위로 간주한다. 하지만 G가 이겼다고 할 수 있는 상대는 'E, F, H'뿐으로 실제로 G와 'B, C, D'는 겨룬

적이 없다. 이 관점에서 보면 2위의 가능성은 G, D, B 모두에게 열려 있는 셈이다.

참고로, 이 셋은 'A와 직접 대결하여 진 상대'라는 점에 주목하기 바란다.

2위를 정하려면 이 셋이 다시 토너먼트 방식으로 겨루어야 한다. 그 결과가 다음과 같다고 치자.

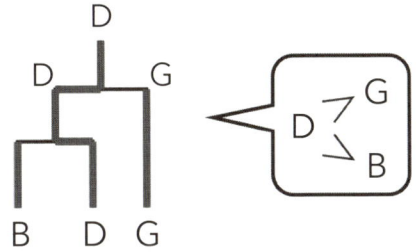

이렇게 정해진 2위는 D이고, 부등식으로 다시 나타내보자.

D>G이고 D>B이기 때문에 앞의 그림과 아울러 보면 다음의 사실이 도출된다. **확실하게 D는 A 이외의 모두를 이겼다는 것이다**.

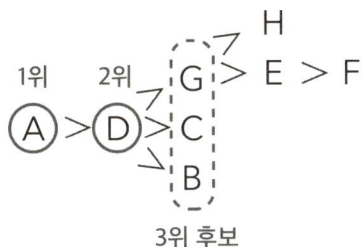

125

다시 3위를 정하려면 'D와 직접 겨루어서 진 상대' — 그러니까 C, B, G가 토너먼트를 치르게 된다. 주의할 점은 2위 결정전에서 D에게 진 B와 G뿐 아니라, ==맨 처음 토너먼트에서 D에게 진 C도 참가 자격이 생긴다==는 것이다.

이처럼 현재 순위가 확정된 사람 중에서 최하위를 X라 하고, 'X와 직접 대결하여 진 패자'끼리 토너먼트를 하면 X 다음의 순위가 정해진다. 이를 반복하면 참가자 전원의 순위를 정할 수 있다.

어쨌든, 수학적으로 정당한 절차를 밟아 2위 이하의 순위를 정하려면 꽤나 번거로워진다. 그래서 일반적으로 3위와 4위는 준결승의 패자끼리, 1위와 2위는 준결승의 승자끼리 겨루는 것이다.

어떤 올림픽 메달리스트가 이런 말을 한 적이 있다.

"올림픽에서 가장 마음을 다스리기 힘든 사람이 은메달 수상자예요. 메달리스트 중에서 유일하게 져야 결론이 나기 때문이죠."

과연 실제로 은메달은 져야 받을 수 있고, 동메달은 이겨야 받을 수 있으니 적잖이 얄궂다.

아쉬운 대로 해결책을 제시해보자면 다음과 같다.

3위 결정전과 결승전은 이제까지와 동일한 방식으로 실시한다. 다음 그림처럼 준결승에서 A와 D가 겨루고, 3위 결정전에서 B가 이겼다고 하자. 결승전에서 A가 진다면 지금까지와 마찬가지로 순위는 'D>A>B>C'로 문제될 게 없다. 단, 결승에서 A가 이긴다면 B와 D의 순위는 정해지지 않게 된다.

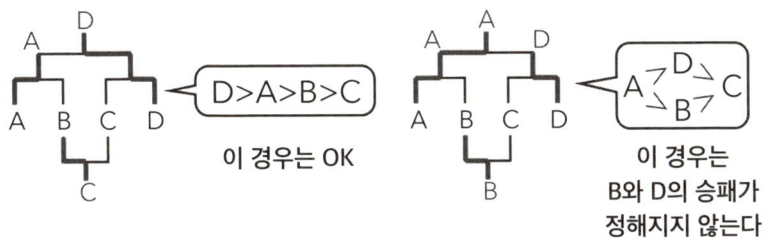

그래서 A가 질 경우에 한해, **B와 D가 겨루는 '2위 결정전'을 하나 더 구성하겠다.** 이렇게 하면 경기 횟수도 공평하고, 깔끔하게 승부에 '이겨서' 은메달을 목에 걸 수 있기 때문이다.

# 효율적인 '전체 순위 결정' 방식을 고안하다

 토너먼트는 1위를 정할 때는 굉장히 단순하고 효과적인 시스템이지만, 모든 순위에 적용하기에는 꽤 번거롭다는 사실을 알았다.
 만약, 처음부터 '모든 순위를 정하는 것'이 목적이라면 사실 더 효율적인 시스템이 있다. 바로 '토너먼트'와 '단체 승자 진출전'을 조합한 방식이다.
 우선 '단체 승자 진출전'에 대해 알아보자. 격투기의 단체전 등에서 활용되는 방식으로, 예컨대 네 명 이상으로 구성된 팀이 겨룰 때 각 팀에서 '선봉, 차봉, 부장, 대장'의 순서를 정한다.
 실제 시합에서는 반드시 강한 순서대로 정할 필요는 없다. 하지만 여기서는 **강한 순서(약한 사람부터 강한 사람순)대로 정하기로** 하자.
 먼저 선봉끼리 겨룬다. 이긴 쪽은 경기장에 남고, 상대 팀의 다음 상대와 대결한다. 필요한 만큼 반복하다가 최종적으로 어느 한 팀의 대장이지면 시합은 끝난다.

사실 이 방식으로 겨루었을 때 시합이 모두 끝나면 양 팀 전원의 순위가 정해진다. 예를 들어 P팀 4명(A, B, C, D)과 Q팀 4명(E, F, G, H)이 시합을 한다고 하자. 다음 그림에서 이름 옆에 붙은 숫자는 강한 정도다. 두 사람이 겨룰 때 이 숫자가 큰 쪽이 이긴다고 하자. 각 팀은 선봉에서 대장순으로 강한 팀원을 뒤쪽으로 배치한다.

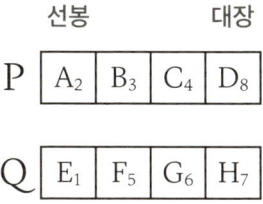

먼저 양 팀의 선봉(A와 E)이 겨룬다. 이 경우는 A(강하기 2)가 이기고, E(깅하기 1)가 신다. 진 사람은 옆에서 대기한다.

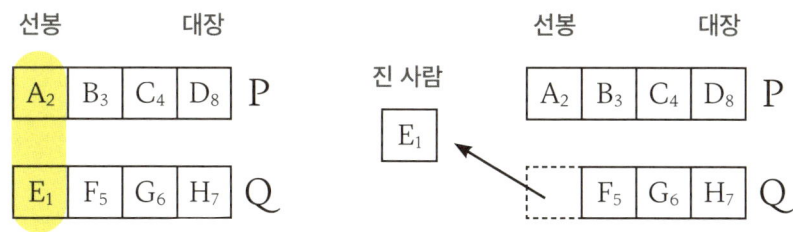

다음으로, 이긴 A(강하기 2)와 상대 팀의 차봉 F(강하기 5)가 겨룬다. 이번에는 F가 이기고 A가 탈락한다. 탈락자는 먼저 탈락한 사람의 오른편에 대기한다.

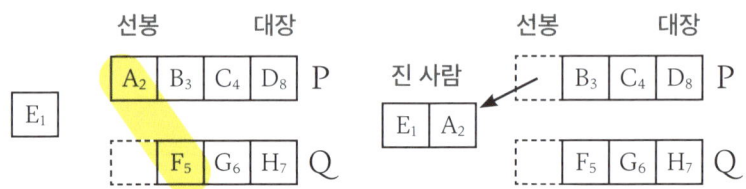

같은 방식으로 대결을 이어간다.

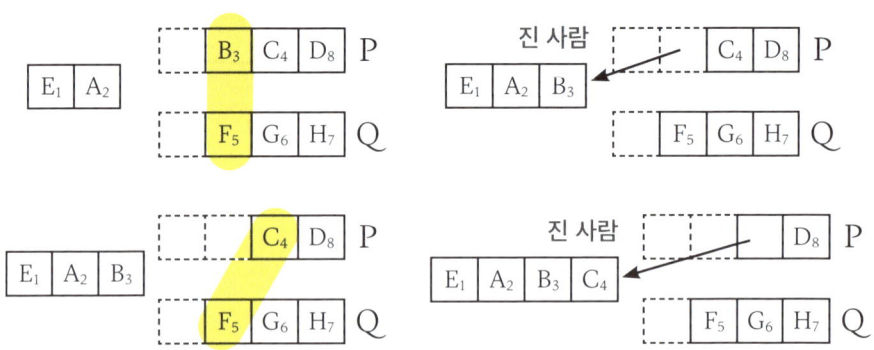

이 방식에서는 항상 '아직 탈락하지 않은 사람 중에서 가장 약한 사람'이 탈락한다. 그러므로 탈락자를 순서대로 배열하고, 마지막까지 지지 않고 남은 사람을 이 열의 마지막에 오게 하면, 8명 전원의 순위가 정해지는 것이다.

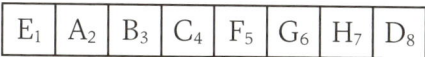

'**순위가 매겨진 두 개의 팀이 단체 승자 진출전으로 겨루면, 전체 순위가 매겨진 하나의 팀이 된다**'는 것이 이 이야기의 핵심이다. 이른바 **두 개의 팀이 합체**하는 셈이다.

이를 근거로 '모든 참가자의 순위를 정하는' 대결 방식을 만들어보자. 처음에는 '개별'로 시작해서 합체를 반복한 다음 하나의 거대한 팀을 만드는 것이 기본적인 개념이다.

A~H까지 8명이 겨루는 일반적인 토너먼트 표를 준비한다. 앞의 그림과 마찬가지로 다음 그림에서 이름 옆에 붙은 숫자는 그 사람의 강한 정도를 나타낸 것이다.

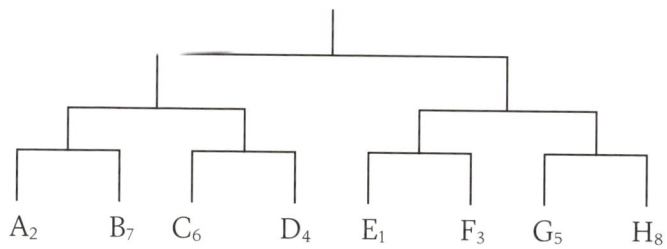

먼저 1차전에서 'A와 B', 'C와 D', 'E와 F', 'G와 H'가 겨룬다. 그 결과를 바탕으로 순위를 매기면, 두 사람으로 구성된 순위가 매겨진 네 팀이 생긴다.

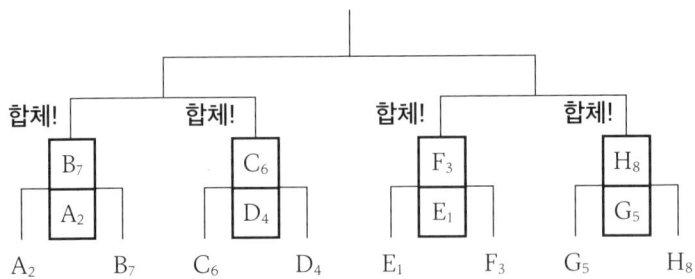

2차전은 두 사람씩 단체 승자 진출전으로 치러진다. 여기서 두 팀이 합체하고, 네 명으로 구성된 순위가 매겨진 두 팀이 생긴다.

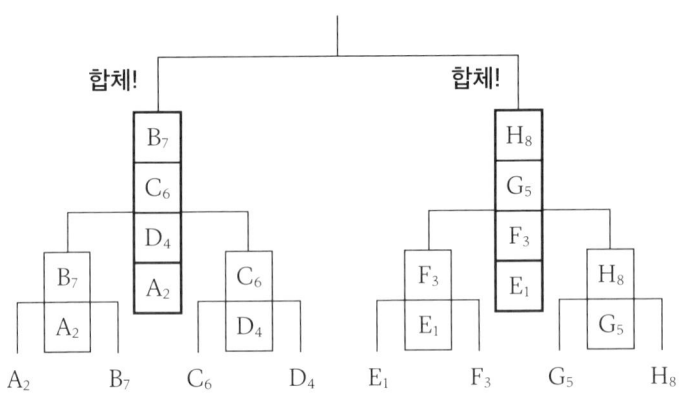

마지막으로 이 두 팀이 단체 승자 진출전을 치르고 합체하면 8명으로 구성된 순위가 매겨진 한 팀이 된다.

이렇게 애초에 목적으로 삼은 참가자 전원의 순위가 확정된다.

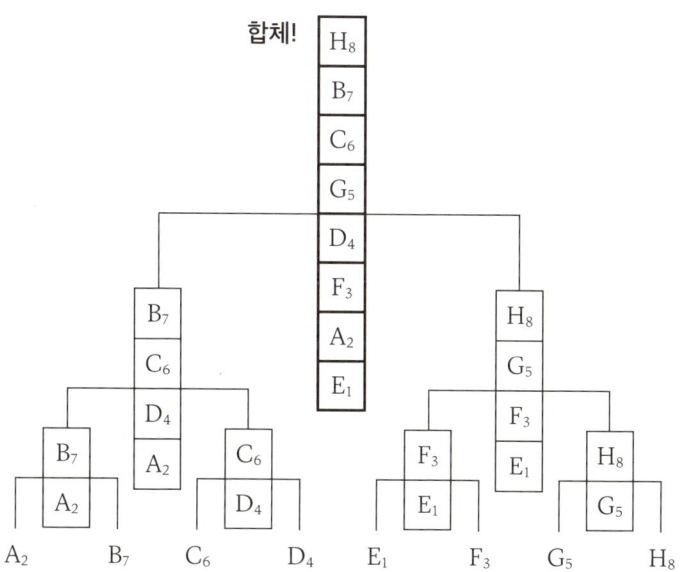

이 방식은 참가자의 인원수에 관계없이 가능하다.

단체 승자 진출전에 의한 '합체'는 두 팀의 인원수가 다른 경우에도 문제없이 진행할 수 있기 때문에, 먼저 일반적인 토너먼트 표를 만들고 각 대결을 단체전으로 치환하면 된다.

이처럼 단순하게 둘의 비교를 반복해 참가자 전원의 순위를 매기고 정렬하는 절차를 **'정렬 알고리즘'**이라고 한다. 특히 여기서 소개한 절차는 합체(병합)를 반복함으로써 전체를 정렬하는 방법으로 **병합 정렬**이라 불린다. 다음에서 별도의 방법에 의한 정렬 알고리즘을 소개하겠다.

# 사다리 타기에 담긴 '수학'

공짚기라고 하면 '요괴를 봉한 부적 같은 것인가?' 하고 갸우뚱하겠지만, 사실 어린 시절에 한 번씩 해본 적이 있는 사다리 타기 게임이다.

일단 규칙을 먼저 살펴보자. 참가 인원 수만큼 세로줄을 긋고 거기에 무작위로 가로줄을 긋는다.

이때 가로줄끼리 겹쳐도, 세로줄을 넘어가도 안 된다. 세로줄 하단에는 경품 같은 것들을 적어두고 보이지 않게 가린다.

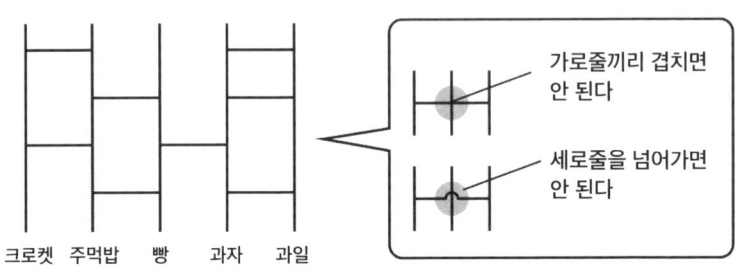

참가자는 서로 중복되지 않게 세로줄을 하나씩 골라서 아래로 선을 타고 내려가다가 **가로줄이 나오면 꺾어서 내려간다**. 이것이 사다리 타기에서 가장 중요한 규칙이다.

이렇게 세로줄 끝까지 갔을 때 적혀 있는 경품이 참가자의 몫이다. 예를 들어, 다음 그림에서 D를 골라 타고 내려가면 '주먹밥'이 나온다.

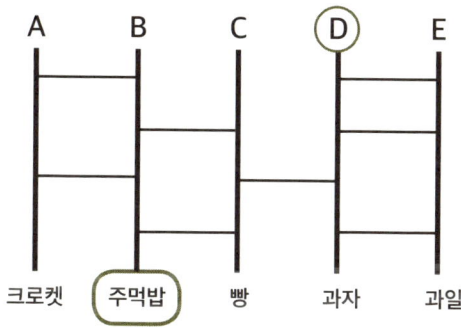

시험 삼아 다른 참가자들 것도 해보면, A는 과일, B는 빵, C는 크로켓, E는 과자가 나온다.

신기하게도 참가자들은 각기 다른 경품에 당첨된다. 어린 마음에도 그것이 당연하다고 생각했지만 **어째서 참가자들은 같은 경품에 당첨되지 않는 것일까? 궁금하기는 하다**.

더 파고들어가 보면, 사다리 타기와 수학 사이에 재미있는 관계를 발견할 수 있다. 이 궁금증을 풀어줄 두 가지 방법을 소개하겠다.

첫 번째 방법은 <mark>사다리 타기를 '거꾸로 타고 올라가면' 어떻게 될지</mark> 따져 보는 것이다. 아래의 왼쪽 그림과 같이 출발점 $a$에서 도착점 $p$로 가는 하나의 경로가 있다고 하자. 여기서 역으로 $p$에서 출발하여 위로 올라가면 어떻게 될까? 물론 사다리 타기 규칙을 따른다. $a$에서 $p$까지 가는 경로를 역행하는 것과 마찬가지이므로(오른쪽 그림) 결국 처음 출발 지점인 $a$에 도착한다.

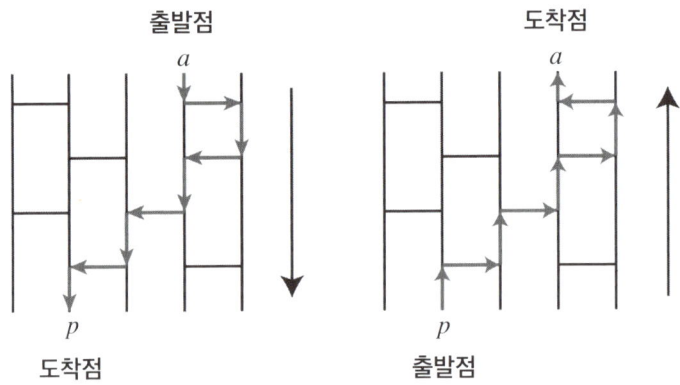

그런데 여기서 만약 <mark>'어떤 두 참가자가 동일한 하나의 지점에 도달했다'</mark>고 해보자. 예를 들어 오른쪽 페이지 위 그림처럼 $a$, $b$에서 출발한 두 사람이 모두 $p$에 도착했다고 하자.

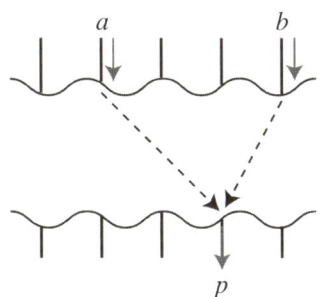

그런데 이때 $p$에서 거꾸로 타고 올라가면 어떻게 될까? 앞의 논리대로라면 $a$에도 도착하고 $b$에도 도착해야 한다. 즉, **사다리 타기 규칙이 두 개가 존재**해야 하는데, 말이 안 되는 소리다.

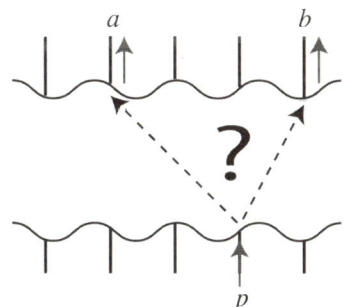

여기서 모순이 발생한 이유는 무엇일까? 그것은 최초에 **'어떤 두 참가자가 동일한 하나의 지점에 도착했다'**는 가정 자체가 문제라고밖에 생각할 수 없다. 여기서 알 수 있는 결론은 **'어떤 두 참가자가 동일한 하나의 지점에 도착하는 일은 일어나지 않는다'**는 것이다.

흥미로운 점은 'A가 일어나지 않음'을 설명하는 대신 'A가 일어나면 모순이 발생함'을 설명한다는 것이다. 이와 같은 논법을 **'배리법'**이라고 한다.

배리법은 여러 수학 분야에서 활약하는 아주 중요한 논법이지만, 간접적인 증명 방법 탓에 어렵게 느끼는 사람이 많은 것 같다. 그런데 이와 같은 간접적인 증명을 자연스럽게 받아들이는 경우가 있다. 예를 들면, 미스터리 소설에 등장하는 '알리바이'가 그렇다.

착각하는 사람이 많은데, 알리바이의 본래 의미는 **'부재 증명'**이다. 어떤 인물이 범행 시각에 범행 현장에 '없었다'는 것을 증명해 보이는 것을 의미한다.

하지만 드라마 같은 데서 용의자가 알리바이를 제시할 때는 으레 '자신이 그 시각 다른 장소에 있었다'는 것을 증명한다.

이와 같은 알리바이 입증의 논리는 '만약 용의자가 범인이라면, 같은 시각 동시에 두 장소에 있었다는 말인데, 이 자체가 모순이므로 용의자의 알리바이가 성립된다.'라는 것이다.

다시 말해, 알리바이 증명 역시 훌륭한 간접 증명의 하나이며 기본적으로 배리법과 같은 원리다.

이제 두 번째 방법을 살펴보자. 뭔가를 분석할 때 습관적으로 활용하는 방법은 **가장 단순하게 생각해보는 것**이다. 그래서 다음 그림과 같이 '사다리 타기에 가로줄 하나만 있다'고 해보겠다.

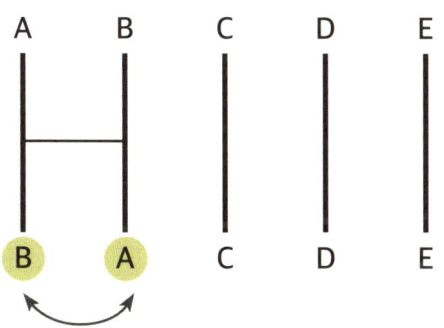

가로선을 하나 그으면 이웃한 두 명이 바뀐다

  이것으로 알 수 있는 조작은 가로선 하나가 **'이웃한 두 명의 참가자 위치를 바꾼다'**는 것이다.
  일반적인 사다리 타기를 이 단순한 사다리 타기로 나누어서 생각해보자. 맨 처음 그었던 사다리 타기(140페이지 왼쪽 그림)에서 어떤 가로선도 수평으로 만나지 않게 다시 그어보자.
  가로선을 아래위로 조금씩 이동시켜 겹치지 않게 만들고 가로선 사이에 점선을 그어 구분한다(140페이지 오른쪽 그림). 점선에 따라 사다리 타기는 여덟 부분으로 나누어지고 각 부분은 가로선이 하나뿐인 '가장 단순한 사다리 타기'가 된다.

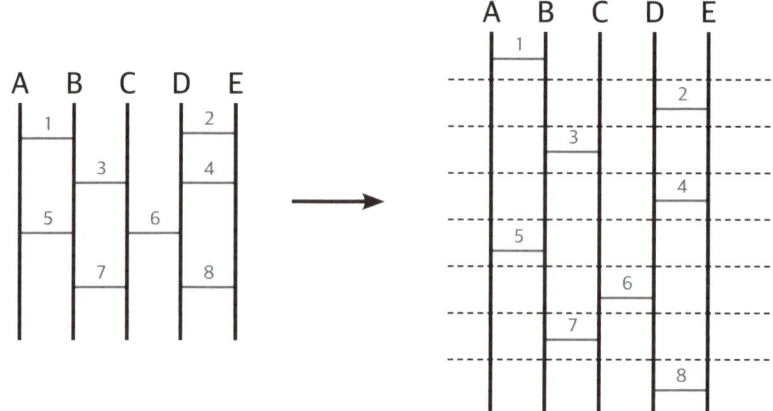

각 부분에는 반드시 '이웃하는 두 명의 교체'가 일어난다.

'ABCDE'가 점선의 첫 부분에서는 'BACDE'가 되고(A와 B의 교환), 다음 부분에서 'BACED'가 된다(D와 E의 교환). 점선 위에 그때그때 교체 결과를 기록해보면 141페이지 그림과 같다.

사다리 타기의 본질에 조금씩 가까워지는 것 같지 않은가!

결국, 사다리 타기는 **'이웃한 두 사람의 교체 반복'**인 셈이다. 이 논리대로라면 사다리 타기에서 두 참가자가 같은 지점에 도달하지 않는 것은 정해진 사실이다.

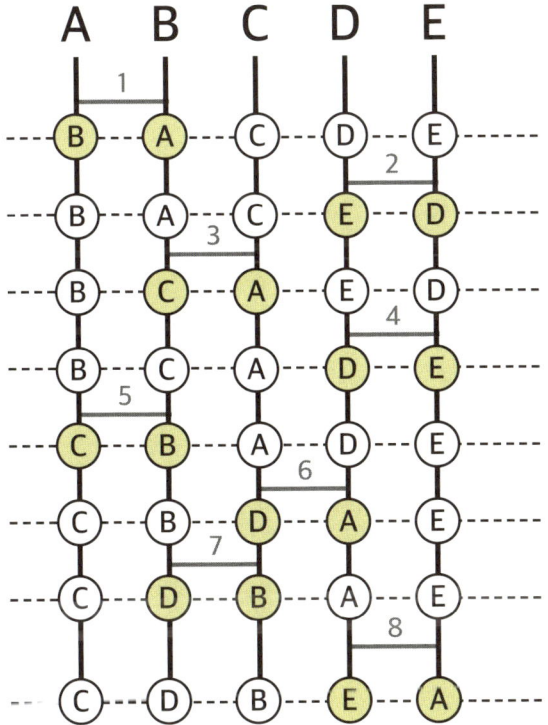

자, 이제 눈치 빠른 사람은 '사다리 타기'가 앞서 소개한 '정렬(sort, 소트)'과 깊은 관계가 있다는 것을 알아차렸을 것이다.

또다시 등장한 뜻밖의 연결성. 이어서 사다리 타기에서 파생된 또 다른 정렬 알고리즘을 살펴보겠다.

# '사다리 타기'와 버블 정렬

정치인이든 회사원이든 반드시 읽고 넘어가야 할 접대 사다리 타기 이야기를 소개하겠다. 다음과 같이 문제를 설정해보자.

사다리 타기의 주최자인 당신은, 다섯 명의 참가자가 원하는 것을 미리 조사해둔다. 참가자는 어디를 고를지 정하고, 당신은 사다리 타기에 가로선을 긋는다. 이때 참가자 전원이 원하는 경품을 가져갈 수 있도록 하는 방법이 과연 있을까? 또 있다면, 가로선을 어떻게 그으면 좋을까?

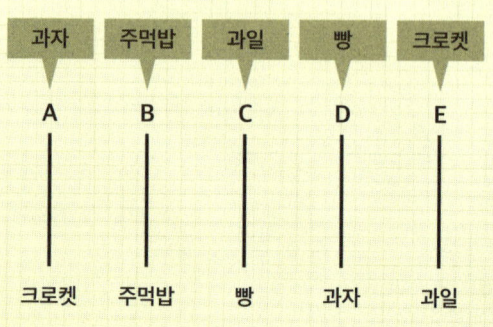

말하자면, '사다리 타기의 결과를 원하는 대로 통제할 수 있는가' 하는 문제다. 가령 142페이지의 그림에서 선을 잘 그어 다섯 명이 각자 원하는 경품을 가져가게 할 수 있을까?

그러기는 꽤 어렵다. 만약 가능하다 하더라도 시간을 오래 끌면 속내가 들통나버리기 때문에 어떤 상황에서도 대응할 수 있는 절차, 즉 알고리즘이 필요하다.

단순하게 설명하기 위해서, 경품도 참가자도 모두 숫자로 바꿔 써보겠다. 사다리 타기의 아랫부분은 순서대로 1, 2, 3, 4, 5를 나열하고, 위에는 1~5까지의 숫자를 무작위로 나열한다.

이때, 같은 숫자끼리 연결되도록 가로선을 긋는 방법을 고민해보자.

여기서 가로선은 **'이웃한 둘의 교체(자리 바꾸기)'**를 의미한다는 점을 기억하자. 다시 말해, 이 문제를 단순화하면 다음과 같은 이야기가 된다.

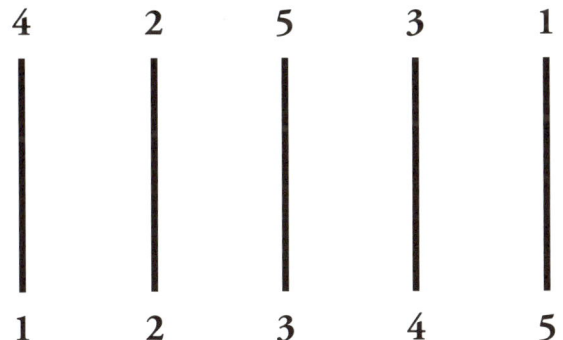

==**'이웃한 두 수의 교체'를 반복하여 무작위로 나열된 숫자들을 작은 숫자부터 크기순으로 정렬하는 방법을 생각하라.**==

그렇다. 이것은 '정렬 알고리즘'의 문제다. 그리고 지금부터 이 경우를 잘 설명해주는 정렬 알고리즘의 하나인 ==**'버블 정렬'**==을 소개하겠다.

다음 그림과 같이 ①~⑤ 다섯 개의 칸이 있고, 거기에 1~5까지 무작위로 숫자가 배치되어 있다. 이것을 '1, 2, 3, 4, 5'의 순서로 정렬하는 것이 목적이다.

| ① | ② | ③ | ④ | ⑤ |
|---|---|---|---|---|
| 4 | 2 | 5 | 3 | 1 |

먼지 왼쪽 끝의 두 칸을 보자. 나열된 두 숫자 중 ==**'왼쪽 숫자가 크면 서로 자리를 바꾸고, 오른쪽 숫자가 크면 그대로 둔다.'**== 여기서는 왼쪽 숫자 4가 오른쪽의 2보다 크기 때문에 맞바꾼다.

다음으로 오른쪽으로 한 칸 옮겨 가서 ②, ③을 같은 방식으로 조정한다. 예시에서는 오른쪽 숫자가 크기 때문에 그대로 둔다.

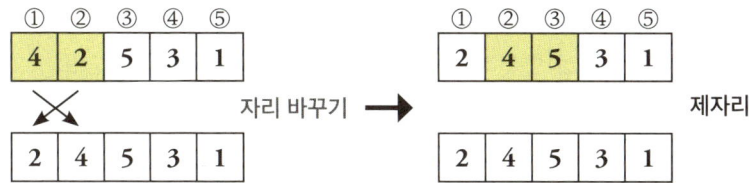

오른쪽으로 한 칸씩 옮겨 가며 끝까지 같은 방식으로 조정한다. 이 일련의 과정을 1단계라 하자. 2단계에서 숫자의 이동을(이미 다룬 것을 포함하여) 그림으로 나타내면 다음과 같다.

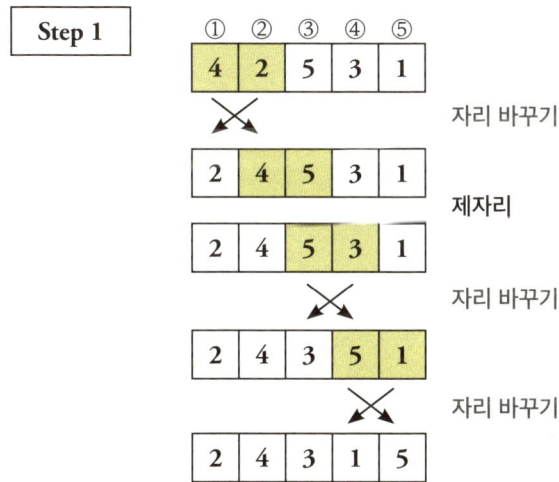

기억할 점은 1단계를 마치면 5는 반드시 오른쪽 끝으로 가게 된다는 것이다. 5가 가장 크기 때문에 항상 한 칸 오른쪽에 있는 숫자와 자리를 맞바꾸게 되고, 결과적으로 계속해서 오른쪽으로 이동하게 된다.

이렇게 5는 의도한 자리로 보냈으니, 이제 5를 제외한 '나머지 4개 숫자의 정렬'을 고민하면 된다.

2단계에서는 앞서 다룬 것과 같은 방법으로 ①~④를 조정한다. 왼쪽의 두 개 칸에서 시작해 오른쪽으로 한 칸씩 이동하면서 마지막 칸까지 조정한다.

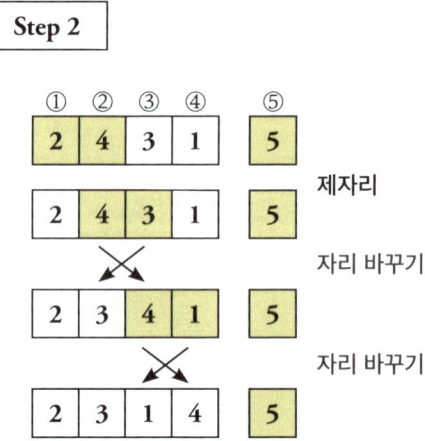

위와 같은 이치로 2단계를 마치면 4는 오른쪽 끝에 있게 되고, 이로써 4 역시 의도한 자리로 이동을 마친다. 나머지 단계도 마찬가지다. 3단계에서는 ①~③의 세 칸에 대해서 동일하게 조정하면 3이 오른쪽 끝으로 가게 된다. 4단계에서는 ①② 두 칸에서 같은 방식으로 조정한다. 이렇게 2가 오른쪽 끝으로 가게 된다. 당연히 1은 왼쪽 끝에 위치함으로써 정렬은 끝난다.

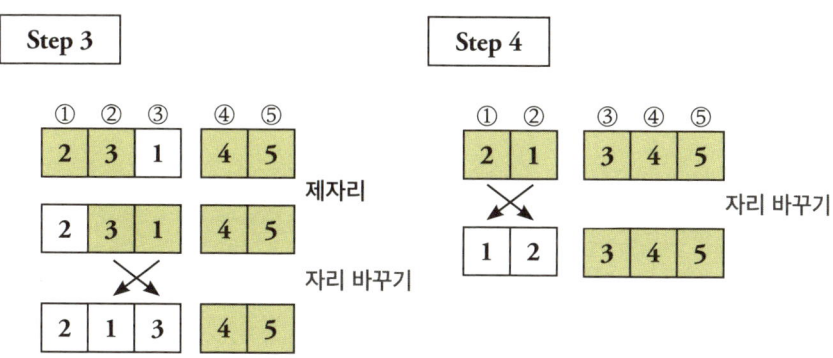

숫자가 처음에 어떻게 나열되어 있는가에 따라, 예를 들어 1단계만 마쳤는데 5뿐 아니라 4도 의도한 위치에 가 있을 수 있다. 이럴 경우 2단계를 건너뛰고 곧장 3단계로 가면 된다.

어쨌든 최대 4+3+2+1=10회의 대소 비교를 진행하면 반드시 크기순으로 정렬할 수 있다.

다시 사다리 타기로 돌아가보자. 사다리 타기는 가로선으로 자리바꿈이 일어난다. 다음 페이지 위쪽 그림에 표시된 점선이 바로 버블 정렬(bubble sort)에 따라 10회의 교환이 일어나는 지점인 셈이다.

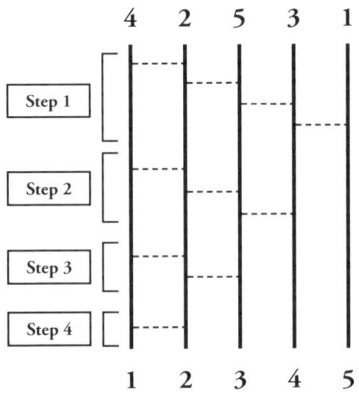

각 지점에서 '자리를 바꾸어야' 하면, 점선을 실선으로 바꾸어 표시하고, 그렇지 않을 때는 점선 그대로 둔다. 앞의 결과를 반영하면 다음 그림과 같다. 오른쪽의 완성된 사다리 타기에서 정확히 자기가 원하는 경품에 당첨되는 결과를 확인해보라.

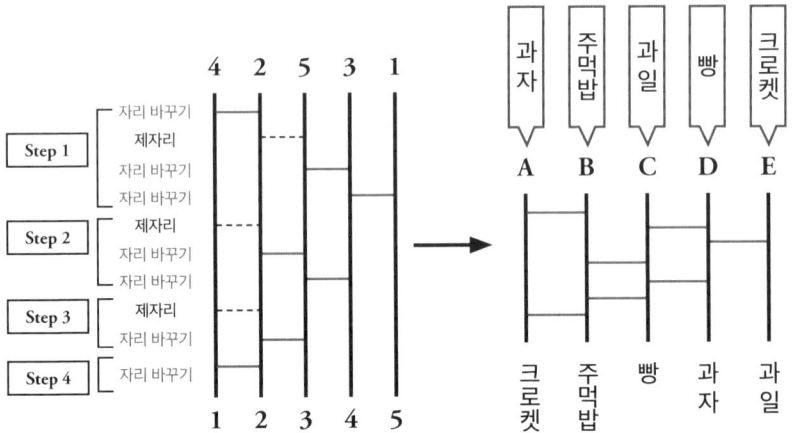

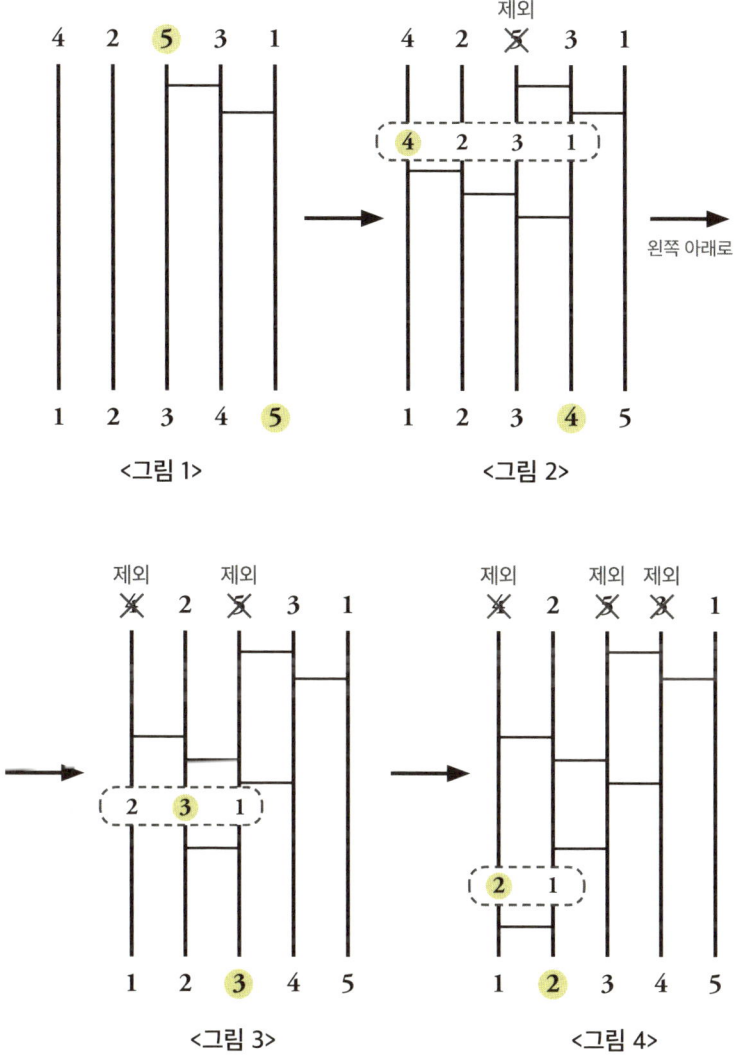

<그림 1>  <그림 2>  <그림 3>  <그림 4>

이렇게 해결되었지만 서두에서 언급했듯이 그 자리에서 바로 가로선을 긋는 경우, 머릿속에서 버블 정렬의 중간 과정을 그려보기란 쉽지 않

다. 그렇기 때문에 그림 1~4처럼 해보는 게 좋다.

우선, 사다리 타기의 위에 나열된 숫자 중에서 오른쪽 끝으로 보내야 하는 숫자(여기서는 5)를 찾아서 오른쪽 끝으로 가게끔 가로선을 긋는다(그림 1). 자리를 찾아간 숫자를 제하고 나머지 4개의 숫자(여기서는 4, 3, 2, 1)만 따진다.

이 중 오른쪽 끝으로 보내야 하는 숫자(여기서는 4)를 찾은 다음 오른쪽 끝으로 가게끔 가로선을 긋는다(그림 2). 이번에도 자리를 찾아간 숫자는 제외하고 나머지 3개 숫자(여기서는 2, 3, 1)만 따진다. 같은 방식으로 반복한다(그림 3, 그림 4).

이렇게 하면, **각 단계에서 남은 숫자가 어떻게 정렬되는지는 맨 처음 숫자의 정렬에서 곧 알 수 있기** 때문에 따로 기억할 게 없다.

다만, 149페이지의 그림에서는 이해하기 쉽도록 자리를 찾아간 숫자에 가위(×) 표시를 했지만, 실제로는 그렇게 할 수 없으므로 머릿속에 그림을 그려보자.

제대로 연습하면 사다리 위쪽 숫자의 나열만 보고도 금세 사다리 타기를 완성시킬 수 있다. 사회 생활에 꽤 유용한 기술이니만큼 꼭 익혀두기 바란다.

# 비즈니스 호텔의 수도꼭지는 왜 물 조절이 어려울까?

살다 보면 '수도꼭지'와 사투를 벌이지 않으면 안 되는 순간이 몇 번쯤 찾아온다.

그 첫 번째가 수영장에서다. 수영장에 가면 눈을 씻어내는 두 갈래로 된 수도꼭지가 있다. 물이 찔끔찔끔 나와서 수도꼭지 손잡이를 살짝 돌리면 갑자기 물이 확 솟구쳐 기겁을 한다.

수압을 알맞게 조절하기 위해서는 손에 힘을 꽉 주고 밀리미터 단위로 손잡이를 돌리는 고도의 기술이 필요하다. 어른이 수도꼭지 하나 감당 못 하랴 생각하겠지만, 인생사가 그리 호락호락하지만은 않다.

다음으로, 빨간색과 파란색 손잡이가 따로 있는 수도꼭지를 본 적이 있을 것이다.

빨간색으로는 뜨거운 물을, 파란색으로는 차가운 물을 조절하면 물이 가운데로 모여서 적당한 온도로 나온다. 오래전에 지어진 집의 욕실

이나 대중목욕탕에서 흔하게 보았던 기억이 나지만 최근에는 별로 눈에 띄지 않는다.

멸종 위기에 가까운 이 물건이 어째서인지 지금까지도 소중하게 보존되는 곳이 있는데, 바로 '비즈니스 호텔'이다.

이 수도꼭지는 '수압'과 '온도', 두 요소가 얽혀 있다는 점에서 매우 골치 아프다. 가령, 샤워를 한다고 치자. 빨간색과 파란색 손잡이를 돌려서 '적당한 수압'과 '적당한 온도'를 만들어야 하는데, 두 가지를 동시에 하기란 쉽지 않다.

반드시 알고 있어야 할 점은 비즈니스 호텔의 온수는 굉장히 뜨겁다는 것이다. 그래서 먼저 뜨거운 물을 틀기 전에 파란색 손잡이를 돌려서 차가운 물이 나오게 해두는 것이 대원칙이다. 그런 다음 서서히 뜨거운 물의 양을 늘리면서 '적당한 온도'를 맞춘다.

가까스로 물의 온도를 적당히 맞추면 이번에는 수압이 너무 낮아 샤워기에서 물이 쫄쫄쫄 시원치 않게 나온다.

'수압을 적당히' 조절하려고 양쪽 손잡이를 동시에 돌리면 갑자기 엄청나게 뜨거운 물이 나와 버린다. 그러면 당황한 나머지 차가운 물이 더 나오게 얼른 파란색 손잡이를 돌린다. 이제는 수압이 지나치게 세진다. 이 과정을 반복하다 보면 마치 폭포수 아래에서 수행하는 수도승이 된 것처럼 물을 흠뻑 뒤집어쓰게 된다.

어째서 이런 유형의 수도꼭지는 조절하기가 어려울까? 이해하기 쉽게 그래프로 살펴보자.

그래프의 가로축($x$축)은 차가운 물의 양, 세로축($y$축)은 뜨거운 물의 양이라 하자. **'수온'은 $x$와 $y$의 비율로 정해지기** 때문에 그래프상의 점과 원점(O)을 잇는 직선의 '기울기'는 '수온'이 된다.

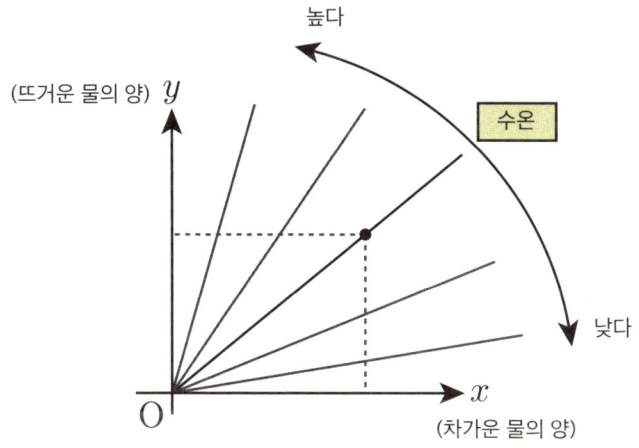

원점을 잇는 선의 기울기로 수온이 정해진다

직선의 기울기가 가파를수록 뜨거운 물의 비율이 늘어나기 때문에 수온이 높아지고, 직선의 기울기가 완만할수록 수온이 낮아진다.

한편, **'수압'은 뜨거운 물과 차가운 물의 양을 합한 것으로 정해진다.** 원점인 O에서 멀어질수록 $x$와 $y$의 합은 커지기 때문에 (엄밀하게 말하자면 약간 차이가 있겠지만, 간단하게 설명하기 위해서) 원점과의 거리로 수압을 가늠할 수 있다고 봐도 무방하다.

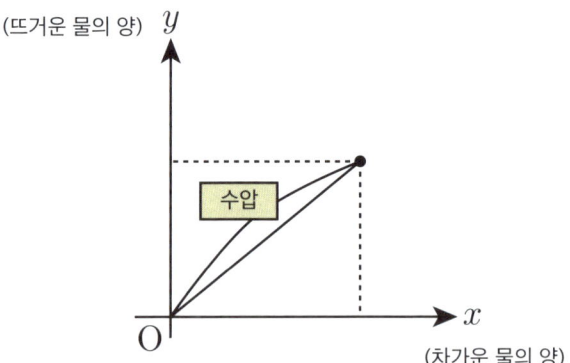

원점을 잇는 선의 기울기로 수압이 정해진다

이 그래프상에는 샤워할 때 가장 적정한 '온도'와 '수압'을 유지하는 지점, 즉 **'최적점'**이 존재한다. 이를 S점이라 하자. 이제 목표는 양쪽 수도꼭지를 잘 조절하여 최적점에 맞추는 것이다.

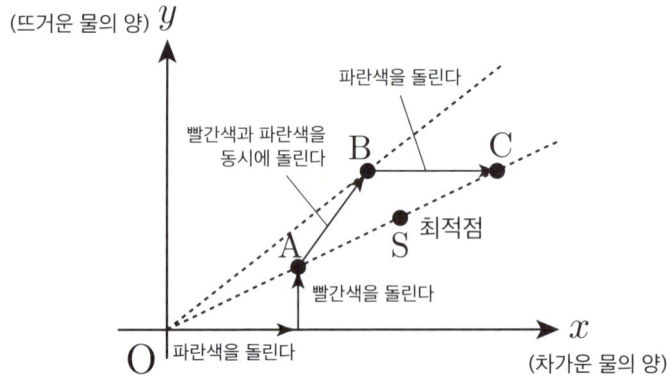

A: 수온은 적당하지만 수압이 약하다
▼
B: 수압은 적당하지만 수온이 너무 높다
▼
C: 수온은 적당하지만 수압이 너무 세다

맨 처음에 나오는 물의 양이 너무 적으면 '수온'은 적당하나 '수압'이 약하다. 이 경우는 그림의 **A**점이다.

여기서 '수압'을 최적화하기 위해 양쪽 손잡이를 똑같이 돌리면 **S**점에 도달할 것이라 생각하지만 이것은 착각이다. 실제로는 그림의 **B**점에 가 있어 '수온'이 올라간다.

이제 '수온'을 최적화하려고 물의 양을 늘리면 그림의 **C**점에 가게 되어 '수압'이 **S**점보다 훨씬 높아진다.

여기서 확실한 것은 '수압'과 '수온'을 조절하려면 '차가운 물의 양 $x$'과 '뜨거운 물의 양 $y$'이라는 두 매개 변수를 조절해야 하는데, 그러기에는 구조가 굉장히 불편하다.

요 근래 나오는 수도꼭지 손잡이는 다음 그림처럼 생겼다. 수온은 좌우로, 수압은 상하로 움직이면서 조절한다. 앞의 그래프로 설명하자면, 156페이지 오른쪽 그림에서 각도 $\theta$와 원점과의 거리 $r$을 취해 두 매개 변수인 '수온 $\theta$'과 '수압 $r$'을 따로 조절할 수 있도록 만든 구조다.

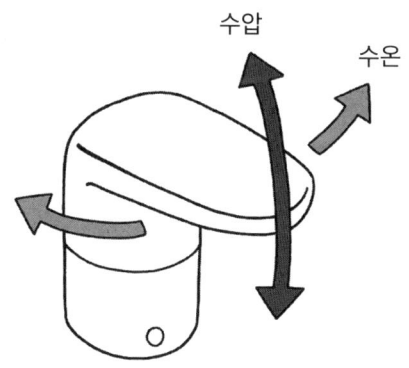

이것은 $x$와 $y$를 한꺼번에 조절하는 것에 비하면 아주 합리적이다.

참고로, 평면상에서 어떤 점을 **$x$와 $y$의 조합으로 지정하는 방법은 '직교좌표', $\theta$와 $r$로 지정하는 방법을 '극좌표'**라고 한다.

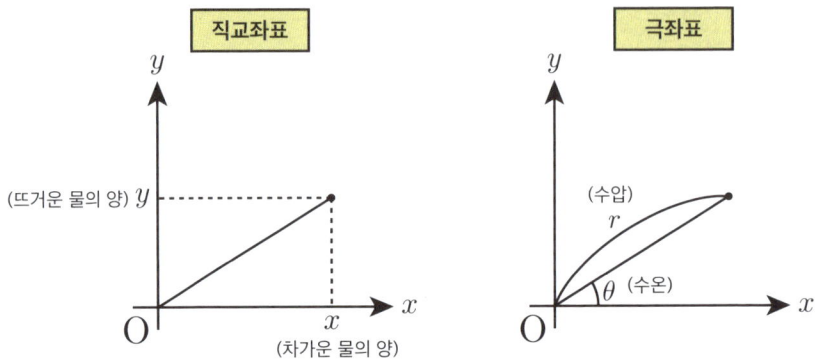

수도꼭지 형태에 따라 '직교 수도꼭지', '극 수도꼭지'라고 이름을 붙여두는 것이 좋지 않을까?

어쨌든, 수학 시간에 '문제를 잘 풀려면 적절한 좌표계를 취하라'는 말을 자주 하는데, 좌표계의 중요성이 생활 속에 이렇게 가까이 있었다는 것이 참 재미있다.

# 무의식이 만들어내는 '질서'의 불가사의

내가 자주 들르는 카페에는 다음 페이지의 그림처럼 카운터 앞에 좌석 다섯 개가 나란히 배치되어 있다. 설명을 위해 왼쪽부터 1번, 2번…… 5번으로 번호를 붙이겠다.

자, 이제 당신이 혼자서 이 카페에 갔다고 하자. 아직 손님이 한 명도 오지 않은 상태라 좌석을 골라서 앉을 수 있다. 물론 어느 자리에 앉을지는 당신의 자유다.

하지만, **사실 다음에 올 손님을 생각한다면 '비워두는 것이 좋은 자리'가 있다.** 그 자리는 과연 몇 번일까? 조금 고민해보고 나서 읽어 나가기 바란다.

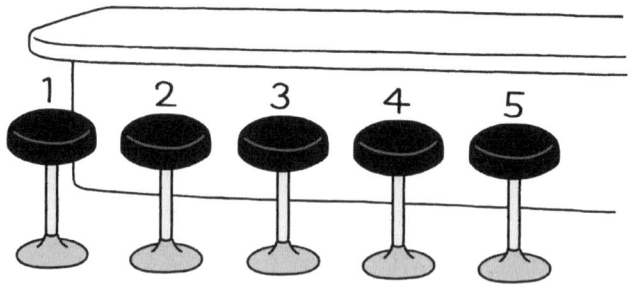

정답은 2번과 4번이다.

이렇게 가로로 배열된 카운터 앞 좌석에서는 타인과 '바로 붙어' 앉는 것을 극도로 꺼리는 심리가 작용한다. 누구든 생판 모르는 사람과 딱 붙어 있는 것은 거북하게 마련이다. 이 점을 고려하면서 정답에 이르는 과정을 살펴보자.

당신이 3번에 앉았다고 하면, 다음에 온 손님은 당신의 옆자리를 피해서 1번(또는 5번)에 앉을 것이다. 세 번째로 온 손님은 두 번째 온 손님이 앉은 자리의 반대편인 5번(또는 1번)에 앉을 것이다.

그 다음에 들어온 손님은 체념할 수밖에 없겠지만, 적어도 세 번째 손님까지는 모두 마음 편히 앉을 수 있다.

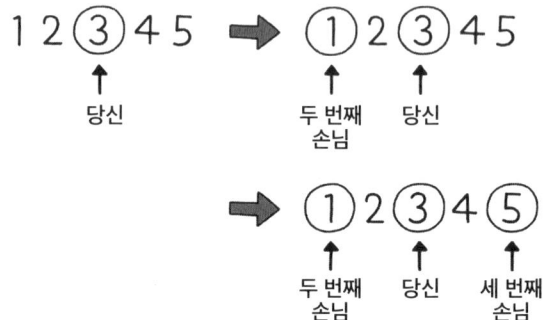

만약 당신이 처음에 1번에 앉더라도 다음에 온 손님이 3번(또는 5번)에 앉고, 세 번째 온 손님은 5번(또는 3번)에 앉음으로써 자연스럽게 동일한 상황이 연출된다. 맨 처음에 5번에 앉은 경우도 마찬가지다.

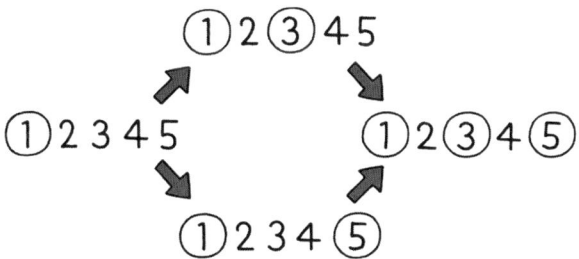

한데, 만약 당신이 2번에 앉는다면 어떻게 될까? 다음에 온 손님은 당신의 옆자리를 피해 4번 또는 5번에 앉을 것이다.

그리고 두 경우 모두 세 번째 들어온 손님은 머리가 복잡해진다. 세 빈째 손님은 어느 자리를 잡아도 타인과 바로 붙어 앉게 되는 상황이 벌어지기 때문이다(당신이 맨 처음 4번에 앉아도 마찬가지다).

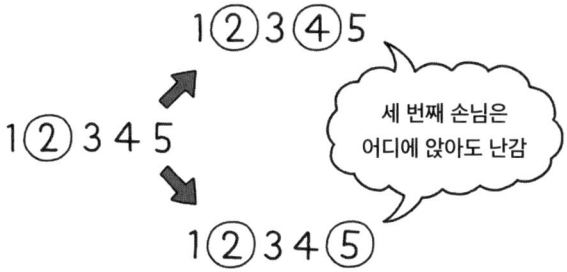

세 번째 손님은 어디에 앉아도 난감

이와 관련하여 난처했던 경험이 있다. 어느 날인가 카페에 들어섰는데 이미 2번 자리에 중년의 아저씨가, 5번 자리에는 젊은 여성이 앉아 있어서 나는 운 나쁜 세 번째 손님이 되어야 했다.

분위기 파악 못하는 중년의 아저씨를 마음속으로 원망하면서, 내 딴에는 젊은 여성을 최대한 배려하기 위해 아저씨 옆자리인 3번에 앉았다. 자신을 희생한 신사적인 태도였다고 생각한다.

그런데 얼마 안 있어 5번에 앉아 있던 젊은 여성이 카페에서 나갔다. 이것은 생각할 수 있는 최악의 전개였다. 상상해보라. 자리가 다섯 개나 있는데 딱 붙어 앉아 있는 아저씨와 나. 그리고 카페에 흐르는 서먹하고 이상한 분위기를.

두 번 다시 이런 비극이 일어나지 않도록 다음의 철칙을 명심하자. 이 카페와 같은 좌석 배치에서는 **자신이 네 번째 이후 들어온 손님이 아닌 이상 2번, 4번은 반드시 피해서 앉는다.**

어쨌건 주목할 것은, 모두 나름의 배려심 있는 사람이라면 따로 합의하지 않더라도 세 명이 들어선 시점에서 **1번, 3번, 5번 이렇게 '같은 간격'으로 앉아 있다**는 것이다.

규모를 좀 더 키워서 예를 들어보겠다. 교토의 가모강(鴨川)에 가면 **'커플 등간격의 법칙'**이 존재한다.

교토의 번화가 근처에 흐르는 가모강은 여름이 되면 많은 커플이 모여든다. 그런데 신기하게도 커플과 커플의 간격이 마치 자로 잰 듯 똑같다. 이는 '모든 커플이 이미 앉아 있는 커플에게서 가능한 한 거리를 두고 앉으려는' 행동 원리를 취한다고 생각하면 수학적으로 설명된다.

한 커플씩 강변에 와서 앉는다고 가정해보자. 다음 그림처럼 이미 두 커플이 앉아 있는 상황에서 세 번째 커플은, 두 커플과 가능한 한 멀리 떨어진 곳에 앉으려 하기 때문에 필연적으로 두 커플의 '정중앙' 지점에 앉게 된다. 이와 같이 세 커플이 같은 간격을 두고 자리를 잡는다. 여기까지가 **제1단계**.

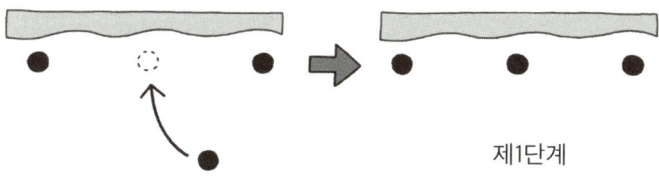

제1단계

동일한 행동 원리로, 네 번째 커플은 첫 번째 커플과 세 번째 커플의 정중앙 지점, 다섯 번째 커플은 세 번째 커플과 두 번째 커플의 정중앙 지점에 있는다. 이와 같이 다섯 커플은 같은 간격으로 앉게 된다. 이것이 **제2단계**.

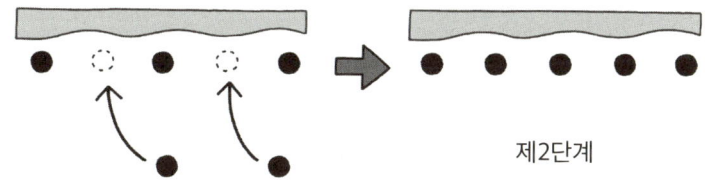

제2단계

이후, 뒤에 오는 커플들은 가장 간격이 넓은 커플들 사이에서 정중앙의 자리를 고른다. ==제3단계==에서는 아홉 커플이, ==제4단계==에서는 열일곱 커플이 같은 간격으로 앉게 된다.

몇 번 반복하다 보면, 커플 간의 거리가 3~4미터로 지나치게 가까워져 그 사이를 비집고 앉으려는 커플이 없어진다. 말하자면 '==포화상태=='인 셈이다. 이렇게 해서 마치 짜 맞춘 듯 신기한 '등간격'이 생겨났다.

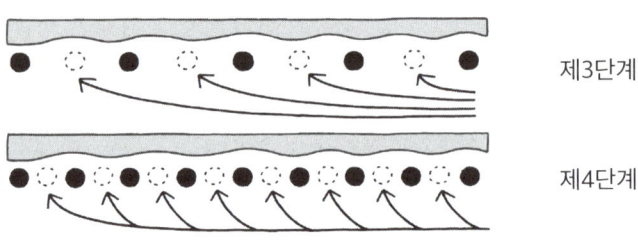

타인과 무리를 지으면서도, 한편으로는 거리를 두려는 상반된 행동 원리가 전체적인 질서를 만들어낸다는 사실이 매우 흥미롭게 다가온다.

○ 이런 곳에도 수학 이야기가 ○

# 합리적인 로봇 청소기의 모양을 찾다

세 개의 부채꼴이 겹쳐진 것처럼 보이는 모양을 '뢸로 삼각형'이라고 한다. 이 도형은 어느 각도로 측정해도 폭이 일정한 **정폭 도형**이다. 정폭 도형의 성질을 지닌 도형으로 잘 알려진 것은 원이다.

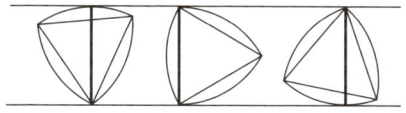

도형을 어떤 각도로 두어도 항상 폭이 동일하다

이제는 우리에게 친숙한 '로봇 청소기'는 보통 '원형'이다. 원형 로봇 청소기는 폭이 아슬아슬한 공간에서도 방향을 바꿀 수 있는데, 이는 각도를 틀어도 폭이 일정한 '정폭 도형'의 성질 때문에 가능하다. 만약 로봇 청소기가 사각형이라고 하면 로봇 청소기 몸체와 폭이 같은 공간에서는 꽉 껴서 움직일 수가 없다.

로봇 청소기가 '정폭 도형'이기만 하면 된다면, 사실 원형이 아니라 '뢸로 삼각형'이어도 상관없다.

'뢸로 삼각형'이 '원'에 비해 명확한 장점이 있는지가 관건인데, 다음의 경우 장점이 있다.

아래 그림과 같이 '원'과 '뢸로 삼각형'을 방의 모서리 지점에서 회전시켜보면, **'뢸로 삼각형'이 '원'보다 청소 범위가 넓다.** 구석에 박힌 먼지까지 깨끗하게 치울 수 있기 때문에 청소기로써 장점이 확실하다.

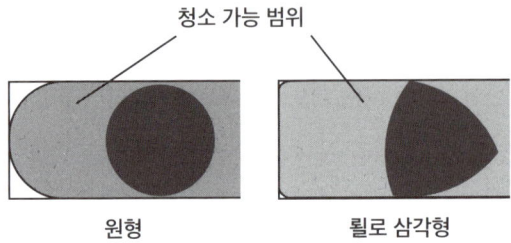

실제로 시중에 뢸로 삼각형 모양의 청소기가 판매되고 있다. 오랫동안 수학 교과서에만 틀어박혀 있던 '뢸로 삼각형'이 본격적으로 주류에 편입된 것인지도 모르겠다.

# 제 4 장

# 매력으로 똘똘 뭉친 수학 이야기

# '직선이 그려내는 곡선'의 예술

먼저, 다음 그림을 봐주기 바란다.

마치 컴퓨터 그래픽을 이용해서 그린 것처럼 심오해 보이는 도형이지만, 사실 여기에는 비밀이 있다. 굳이 밝히자면, **'직선만 사용해서 그린 그림'**이라는 점이다.

컴퓨터도 필요 없이 자 하나만 가지고 손으로 그릴 수 있다. 말보다는 증거가 힘이 있는 법. 이제부터 구체적으로 살펴보자.

먼저, 가로축과 세로축을 그린 다음 거기에 동일한 간격으로 눈금을 그려 넣는다. 그리고 세로축 상단과 가로축의 왼쪽 끝단 눈금을 선으로 잇는다. 세로축의 눈금은 하나씩 아래로, 가로축의 눈금은 한 칸씩 오른쪽으로 옮겨 가며 차례차례 선을 잇는다.

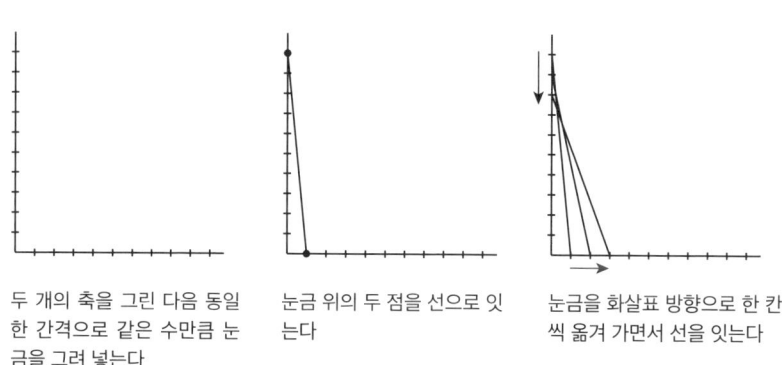

두 개의 축을 그린 다음 동일한 간격으로 같은 수만큼 눈금을 그려 넣는다

눈금 위의 두 점을 선으로 잇는다

눈금을 화살표 방향으로 한 칸씩 옮겨 가면서 선을 잇는다

모든 선을 긋고 나면 왼쪽 아래와 같은 그림이 된다.

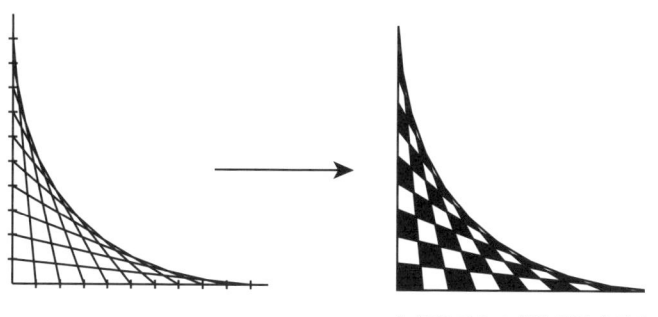

눈금을 지우고 색을 칠하면 완성

완성된 그림에 체크무늬가 되도록 칠하면 맨 처음 제시한 그림과 같아진다.

여기서 흥미로운 점은 뭐니 뭐니 해도 겹쳐진 직선들로 인해 매끄러운 '곡선'의 능선이 생겨난다는 것이다.

==실제로는 이것은 '곡선'이 아니라 10개의 직선으로 구성된 '굽은 선'==이지만, 우리 뇌는 영락없이 매끄러운 곡선으로 인식한다.

이처럼 직선이 모여서 곡선으로 보이는 것을 수학적 용어로 ==**'포격선'**==이라 한다. 다음 그림의 경우, '포격선'은 ==**'포물선'**==이라는 수리적 곡선이 된다. '포물선'은 우리에게 공중에 공을 던졌을 때 생기는 궤적으로 익숙하다.

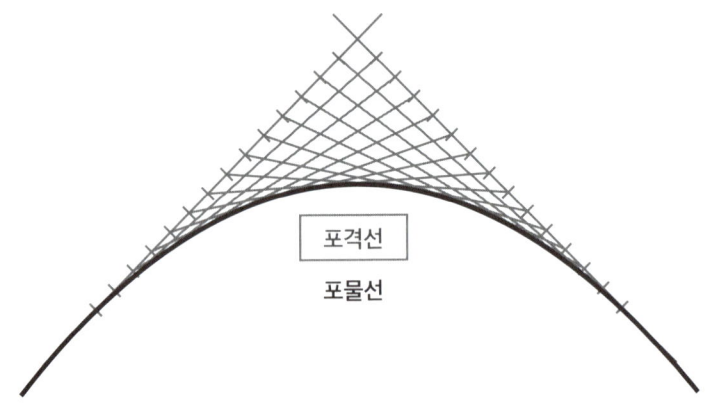

마찬가지로 직선이 모여 포물선을 만들어내는 재미있는 방법을 소개하겠다.

이번에는 자로 선을 긋는 대신 '꺾은선'을 이용하겠다. 복사 용지를 준비해 아래 그림과 같이 긴 변이 아래로 가게 놓은 다음 가운데 부분 아래쪽에 점을 찍는다.

아래 변의 어딘가가 이 점을 지나도록 종이를 접었다 펴서 자국이 생기게 한다. 방향을 요리조리 바꾸어 가며 이 작업을 반복하면, 접힌 선이 여러 개 모이면서 앞에서 본 것과 동일한 '포물선'이 생긴다. 이것 역시 직선으로 만들어진 곡선이다.

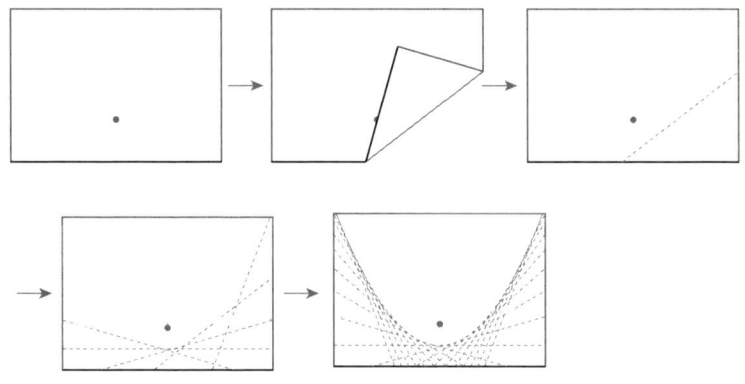

난이도가 조금 올라가지만, 자로 그릴 수 있는 아름다운 곡선이 하나 더 있다. 준비 작업으로 가로로 긴 원(타원)을 그린다. 컴퍼스 없이 손으로 그려도 괜찮다.

먼저 타원의 4등분 지점에 눈금을 찍고, 그 사이에 또 눈금을 찍어 눈금이 8개, 16개, 최종적으로 32개가 되도록 한다(눈금의 개수가 특별히 중요한 것은 아니지만, 이 정도는 되어야 완성했을 때 깔끔하다).

이때 핵심은 가운데로 올수록 눈금의 간격은 넓어지고, 양 끝으로 갈수록 눈금의 간격은 좁아지게 한다. 조금 비스듬한 방향에서 관람차를 올려다본다고 생각하고 곤돌라의 배치를 떠올려보면 도움이 될 것이다.

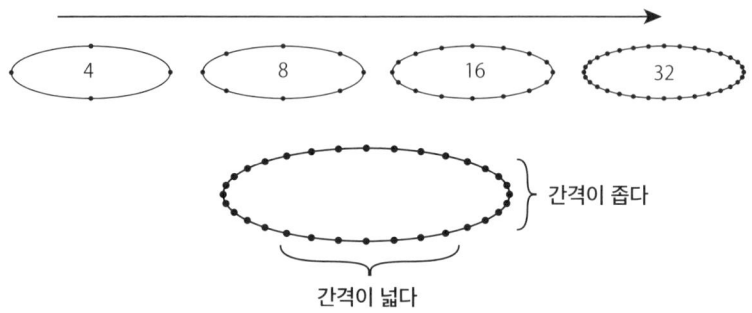

아래 그림처럼 눈금이 찍힌 타원을 아래위로 한 쌍씩 나열한다. 이제 자가 등장할 차례다.

먼저, 위쪽 타원에서 맨 위에 있는 눈금과 아래쪽 타원에서 왼쪽 끝에 있는 눈금을 잇는다. 여기서 각각의 눈금을 시계 반대 방향으로 하나씩 옮겨 가면서 이어 나간다.

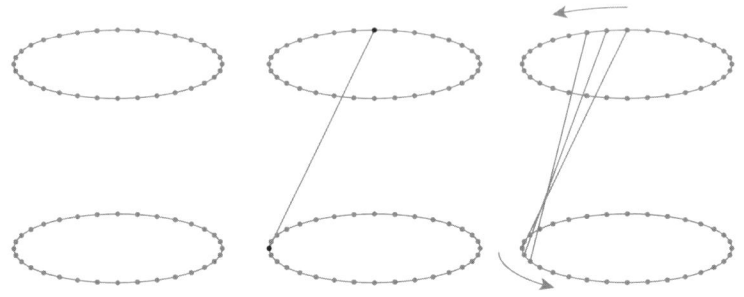

이렇게 해서 최종적으로 생긴 그림은 가운데가 잘록한, 묘하게 섹시한 곡면이다. 얼핏 보면 옆면이 직선으로만 이루어진 도형이라고는 전혀 생각되지 않는다.

이 '장구' 같은 형태의 입체 도형은 '회전 쌍곡면'이라 불린다. 이름처럼 옆면에 보이는 포물선은 '쌍곡선'이라는 수리적 곡선이다.

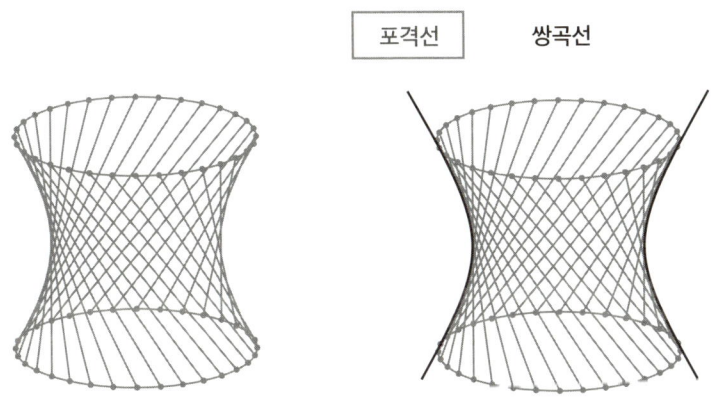

시험을 보다가 시간이 남아돈다거나, 아니면 상사의 지루한 설명을 들어야 할 때, 앞에 있는 종이에다 슬쩍 이런 도형을 그리면서 시간을 때워보면 어떨까?

설령 누군가에게 들킨다 해도, 상대는 무슨 그림일까 자못 궁금해할 것이다. 물론 꾸중은 들겠지만.

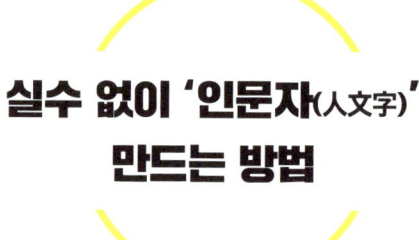

# 실수 없이 '인문자(人文字)' 만드는 방법

학교 축제나 스포츠 경기의 응원전에서 빠지지 않고 등장하는 것이 바로 '인문자(카드 섹션)'다. 많은 사람들이 패널을 들고 열을 지어 거대한 글자나 모양을 만드는 단골 매스게임이다.

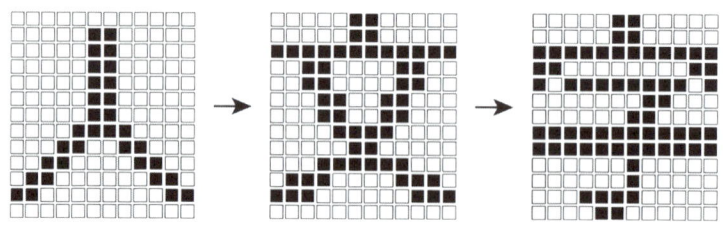

인문자의 기본 원리는 단순하다. 개개인이 패널을 들고 '어느 타이밍에 어느 색을 꺼낼지' 기억하고 있다가 리듬에 맞춰 해당 색깔의 패널을 꺼내 들면 된다.

말은 쉽다. 하지만 전체적으로 어떤 모양이 되는지도 모르고, 맥락도 없이 색색의 패널을 흐트러지지 않고 정확하게 계속 꺼내 드는 것은 여간 어려운 일이 아니다.

더군다나 단 한 사람이라도 실수를 하면 바로 티가 나는 것도 힘든 부분이다. 한 사람이 실수할 확률은 고작 1퍼센트지만 100명이 되면 '누군가' 실수할 확률은 63퍼센트까지 올라간다. 이 험난한 장벽을 극복해야만 비로소 일사불란하고 멋들어진 인문자가 완성되어 사람들에게 감동을 주는 것이다.

인문자의 어려운 점만 나열하다가 바로 반대되는 이야기를 꺼내는 것 같아 민망하지만, 사실 지금부터 생각해보고 싶은 주제는 되도록 개인의 부담이 적은, 즉 **'미리 시시콜콜 기억하지 않고도' 인문자를 만들 수 있을까** 하는 것이다.

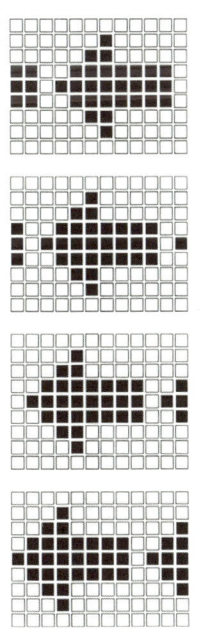

흘러가는 인문자

무슨 속 편한 이야기인가 생각할지 모르겠지만, 이것을 가능케 하는 한 가지 방법이 있다. 이름하여 '흐르는 전광판' 방식이다.

오른쪽의 그림과 같이 화살표가 왼쪽으로 흘러가는 것 같은 인문자를 떠올려보자.

보통의 인문자보다 어려워 보이지만 오히려 그 반대다. 여기서는 '어느 카운트에 어떤 색 패널을 꺼낼지' 선두에 있는 사람만 기억하고 있으면 된다. 그 외의 사람은 처음 상태만 외우고 있다가 '다음 카운트에 한 줄 앞에 있는 사람이 꺼낸 것과 같은 색 패널을 꺼내는' 규칙만 따르면 된다.

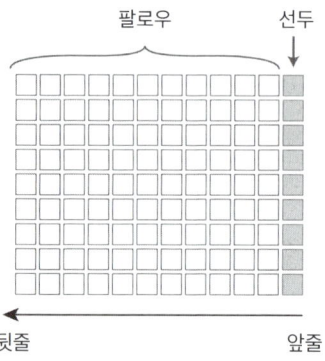

이렇게 '인접한 사람'의 상태를 기준 삼아 그때그때 자신의 상태를 결정하는 방식을 **오토매톤(Automaton)**이라 부른다. 일본어로는 '자동인형'이라고 한다. 오토매톤에서 기억력은 필수사항이 아니지만, 상황을 정확하게 판단해 다음 행동을 실행하는 순발력이 반드시 필요하다.

'흐르는 전광판' 방식에서는 맨 앞줄에 있는 선두가 언제나 기억하고 있어야 한다는 부담이 있다. 그런데 참가자들 사이에 이런 부담의 격차가 없는, 즉 모두 오토매톤으로 움직이는 규칙은 없을지 생각해보자.

설명을 위해서 패널은 흰색과 검은색 두 가지로 하자. 또 '인접한 사람'이란, 다음(175페이지) 그림의 A에서 보았을 때 양옆, 아래, 위, 사선에 있는 8명을 말한다.

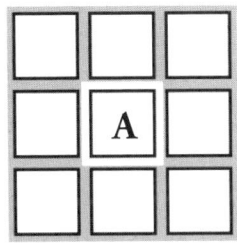

규칙은 다음과 같다. 자신이 흰색일 경우, 인접한 검은색이 3개면 다음 카운트에서 검은색으로 바꾼다. 그 외에는 흰색을 유지한다.

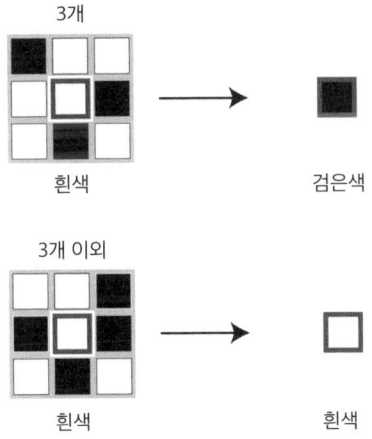

다음으로 자신이 검은색인 경우, 인접한 검은색이 2개 또는 3개면 다음 카운트에서도 검은색을 유지한다. 하지만 인접한 검은색이 1개 이하 또는 4개 이상이면 다음 카운트에서 흰색을 꺼낸다.

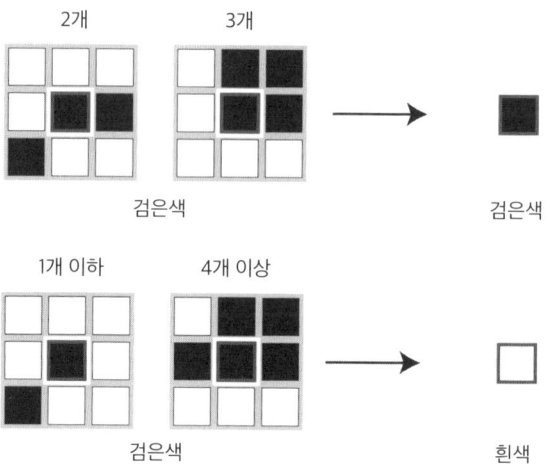

이해하기 쉽도록 하나의 그림으로 설명해보겠다. 다음 카운트에서 꺼낼 색은 '지금 들고 있는 색'과 '인접한 검은색의 개수'에 따라서 다음과 같이 변한다.

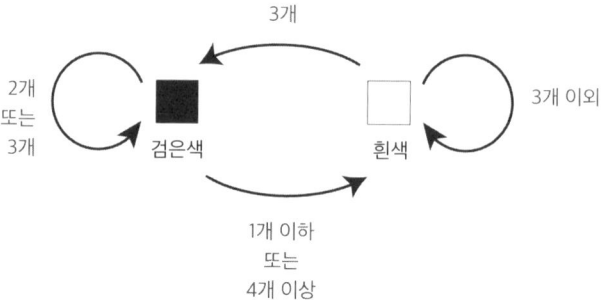

이로써 규칙은 정해졌다. 이제 다음과 같이 초기 상태를 가정해보자.

이 상태에서 모두가 규칙을 충실히 따르면서 패널을 움직이면 어떻게 될까? 결과를 살펴보자.

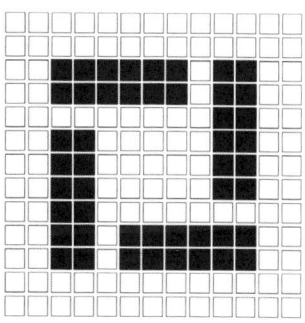

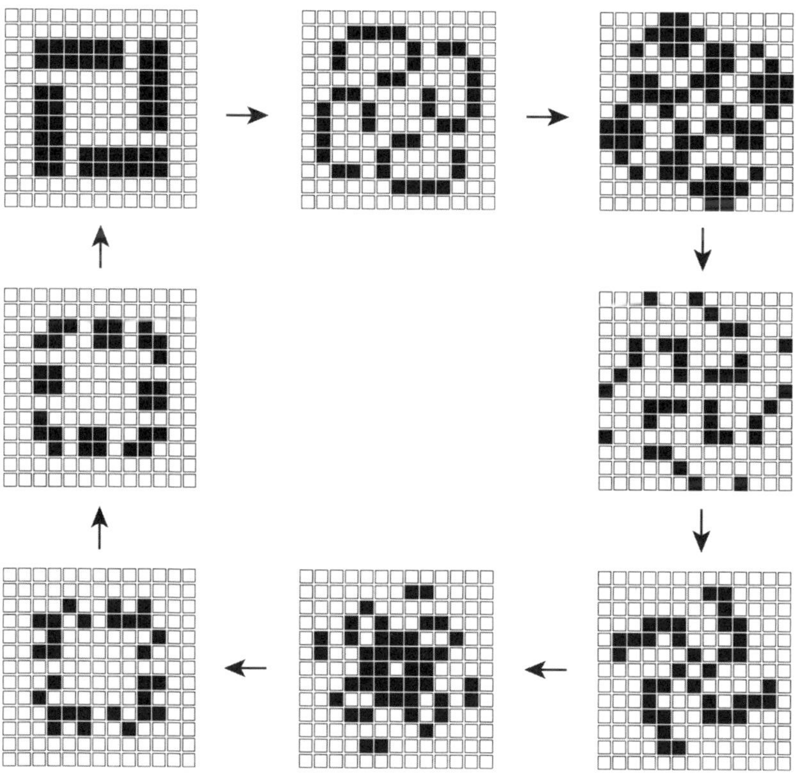

나타났다 사라지기를 반복하는 검은색 패널은 상상 외로 예쁜 모양을 만들어내다가 마지막에 원래 상태로 돌아온다.

이 패턴이 '어느 누구 하나, 아무것도 외우지 않은 상태'로 연출되었다는 점이 믿기지 않을 정도로 신기하다.

다만, 이 복잡한 규칙을 틀리지 않고 실행하려면 말할 것도 없이 상당한 수준의 정보처리 능력이 필요하다.

소위 '반사 신경의 귀재'들을 100명씩 모으는 게 힘들다면, 딱 맞는 도구가 있다. 바로 컴퓨터다. 생각해보면 오토내톤(자동 인형)이라는 말은 확실히 컴퓨터와 잘 어울린다.

사실, 앞에서 설명한 규칙은 1970년에 영국 수학자 콘웨이(Conway)가 고안한 것으로, 이 규칙의 단순성에 매료된 컴퓨터 프로그래머가 그것을 모두 시뮬레이션하는 프로그램을 컴퓨터에 심었다.

콘웨이는 이것을 '라이브 게임', 다시 말해 '생명 게임'이라고 이름 붙였다.

검은색 패널을 생명으로 가정하면, 앞의 규칙은 '주위에 생명이 셋일 때 생명이 탄생하고, 주위에 생명이 하나 이하(과소)거나, 4개 이상(과밀)이면 사멸한다'는 생과 사의 메커니즘을 모델화한 것이다.

라이브 게임은 이전 움직임을 전혀 예측할 수 없다는 점이 매력이다.

177페이지 그림은 패턴이 예쁘게 변하지만 이는 특수한 경우로, 처음의 모양을 조금만 다르게 생각해도 그 다음 패턴이 완전히 혼돈에 빠져버린다. 어느 순간 생명이 폭발적으로 늘었다가, 역으로 갑자기 사멸한다. 또 집락(작은 집단)이 생겼다가, 분열했다가, 합류하기도 한다.

하나하나 단순한 규칙을 따라서 움직이는 자동 인형에 지나지 않지만 거기서 만물이 끊이지 않고 변해 가는 풍부한 역동성이 일어난다는 것이 그저 놀랍다.

'라이브 게임'을 검색하면 실제로 시뮬레이션할 수 있는 웹사이트나 애플리케이션이 몇 개 있으니 관심 있는 사람은 한번 해보기 바란다.

# 루비 큐브는 돌고 돈다

 탄생한 지 40년이 지난 지금까지도 퍼즐의 왕좌를 지키고 있는 것이 '루비 큐브'다.
 이토록 팬덤을 오래 유지하는 비결은 퍼즐이 지닌 심오한 매력도 있지만, 뭐니 뭐니 해도 '물건'이 주는 재미가 있어서다.
 기계적인 움직임이 주는 즐거움. 큐브를 조작할 때마다 대그락거리는 소리와 손에 착 감기는 느낌. 이 모든 것이 인간의 본능적인 쾌감을 맛보게 해준다.
 한편, 이 루비 큐브는 수학적으로도 흥미로운 점이 많다. 무엇보다 루비 큐브 자체가 수학의 결정체라 해도 무색할 만큼 완벽하다.
 여기서는 그중 누구나 따라 하기 쉬우면서 간단하고 재미있는 수학적 개념을 하나 소개하겠다.
 루비 큐브를 움직이는 '어떤 일련의 순서'를 만들어보겠다. 순서가 아주 복잡해도 상관없지만, 여기서는 간단하게 아래의 그림과 같이 '오른쪽 열은 앞쪽으로 돌리고, 위쪽 열은 시계 반대 방향으로 돌린다'고 생각해보자. 이 순서를 **조작 P**라 한다.

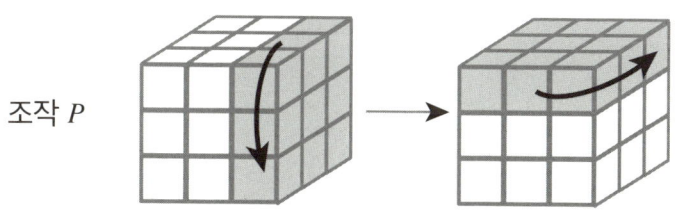

조작 P

여섯 면이 완성되어 있는 상태로 시작해서 조작 P를 몇 번 반복하다 보면 당연히 면의 모양은 엉망이 된다.

하지만 안심하라. 포기하지 않고 계속 반복해 나가면 반드시 원래 모양으로 돌아가게 된다. 실제로 조작 P를 시험 삼아 해보았더니 105회 만에 처음 모양으로 돌아갔다.

**사실 조작 P가 무엇이든, P를 반복하면 큐브는 반드시 처음과 같은 모양으로 돌아간다**고 할 수 있다. 놀라우리만큼 간단하지 않은가!

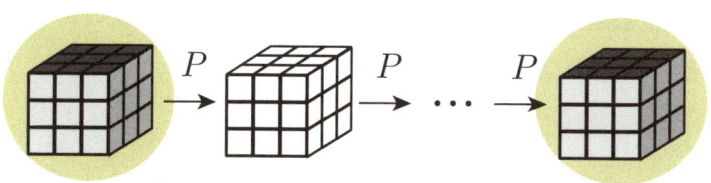

P를 반복하면 언젠가는 원래 모양으로 돌아간다

큐브에서 생각해낼 수 있는 모양의 가짓수는 얼마나 될까? 무수히 많아서 따져보기도 힘들지만, 사실 구체적인 가짓수는 문제되지 않는다. 중요한 것은 <mark>그것이 '유한' 개수라는 사실</mark>이다(유한의 색을 유한의 면에 배치하는 방법은 당연히 유한할 수밖에 없다). 이를 $N$개라 하자.

큐브를 '일정한 어떤 순서'로 조작하면서, 중간에 변하는 모양을 모두 목록으로 기록해 둔다. 맨 처음의 모양을 $A_0$, 다음 모양을 $A_1$, 이런 식으로 번호를 매겨 나가다 보면 $N+1$번째 모양은 [$A_N$]이 된다.

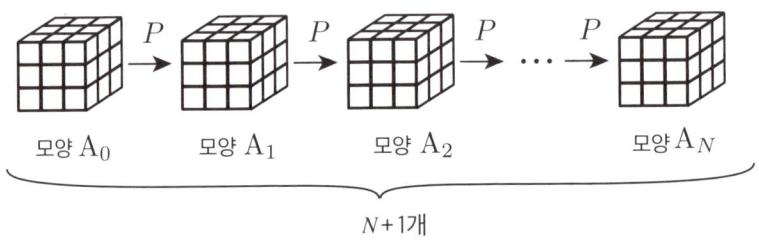

목록에는 $A_0, A_1, A_2 \cdots\cdots A_N$이라는 $N+1$개의 모양이 기록된다. 큐브의 모든 모양의 가짓수는 $N$개다. 이 말은 결국 목록에는 적어도 한 쌍은 같은 모양이 존재한다는 것이다.

그럼 동일한 두 모양을 끄집어내 보자. 이 두 개의 '동일한 모양'은 조작 $P$에 의해 연결된다. 다시 말해 '어떤 모양'에서 시작한 큐브가 조작 $P$의 반복을 통해 원래 모양으로 돌아가는 하나의 실례가 된다.

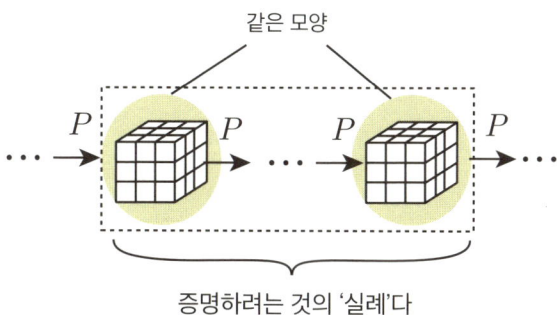

증명하려는 것의 '실례'다

　이로써 증명을 마친다. 물론 그림에서 끄집어낸 두 모양이 '6면이 정렬된 상태'라고는 할 수 없다.
　하지만 문제되지 않는다. '어느 모양에서 시작하여 **P**를 반복함으로써 같은 모양으로 돌아간다'는 사실을 밝혀냈기 때문에 '6면이 정렬된 상태'에서 시작한다면 마찬가지로 '6면이 정렬된 상태'로 돌아가게 마련이다.
　다른 '존재 정리(문제의 풀이가 존재하기 위한 조건들을 밝힌 정리―옮긴이)'의 예와 마찬가지로, 이 이야기에서도 '반드시 돌아가는' 것은 확실하지만 '언제 돌아가는지'는 알 수 없다. 몇 분이 걸릴지, 아니면 몇 시간이 걸릴지도 모른다.
　사실 이 정도면 행복한 고민이다. ==만약 큐브의 모든 패턴으로 증명해야 한다면, 1초에 한 번씩 큐브를 돌려도, 원래 상태로 돌아가려면 100만 년 이상 걸린다==는 계산이 나온다.

## 전자계산기가 패미컴을 이긴 날

　초등학교 3학년 여름. 우리 어린이들의 생활 스타일을 바꾼 일대 사건이 있었다. 패밀리 컴퓨터, 줄여서 '패미컴(게임 전용의 8비트 컴퓨터—옮긴이)'이라 불리는 닌텐도 가정용 게임기가 발매된 것이다.
　패미컴의 등장으로 일본의 가정은 두 부류로 나뉘게 되었다. 패미컴이 있는 집과 없는 집. '없는 집'에 사는 아이들은 누구네 집에 패미컴이 있는지 알아내서 일부러 친구가 되어 방과 후 그 아이 집으로 몰려갔다.
　안타깝게도 나는 '없는 집' 아이였고, 아니나 다를까! '있는 집' 친구네 집을 뻔질나게 드나들었다. 더 슬픈 사실은, 게임에 완전히 빠져들고 말았다는 것이다.
　'없는 집' 아이들이 게임의 포로가 되어버리면 아주 서글퍼진다. 어쨌든 남의 집이라 게임을 할 수 있는 시간은 정해져 있기 때문이다.
　그래서 나는 집에서도 패미컴과 똑같은 재미를 맛볼 수 있는 게 없을까 샅샅이 뒤져보았다. 그렇게 손에 쥔 것이……'전자계산기'였다. 특별한 게임 기능이 없는 평범한 전자계산기다. 하지만 버튼을 터치할 때의 느낌이 패미컴과 어딘지 비슷했다. 무엇보다 버튼 개수로 보면 전자계산기가 패미컴보다 한 수 위다.

누가 뭐라 해도 나에게 전자계산기는 패미컴이었다. 그렇게 나는 '전자계산기'를 가지고 놀 수 있는 여러 가지 방법을 고안하게 되었다.

의외로 알려지지 않은 전자계산기의 기능은 바로 '반복 연산'이다. 스마트폰에서도 계산 기능으로 같은 것을 해볼 수 있으니 참고하기 바란다. 여기서는 전자계산기의 초기 상태에서,

을 누른다. 계산식이 아닌 것처럼 보이지만 결과는 14라고 나온다. 게다가 이어서 =을 누르면 21, 28, 35……로 구구단 7단이 순서대로 나온다. 알아차렸겠지만 **'반복해서 7을 더해 나가는'** 조작이다.

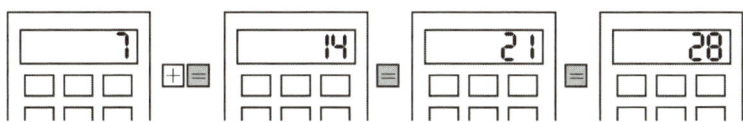

마찬가지로 이번에는,

이라고 입력하고, '='을 계속 누르면, 4, 8, 16, 32……처럼 **'반복해서 2를 곱한'** 수가 순서대로 나온다.

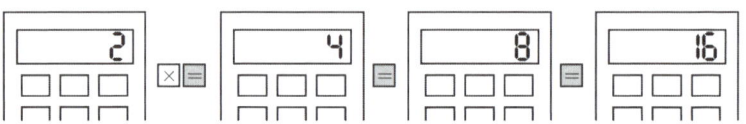

또한,

이라고

을 누르면 1, 0.5, 0.25, 0.125……로 **'반복해서 2로 나눈'** 수가 순서대로 나온다.

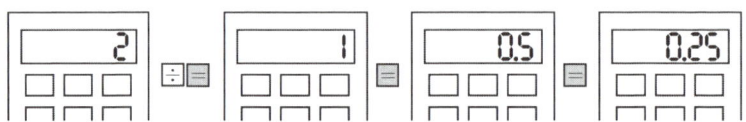

간단한 기능이지만 숫자가 규칙적으로 늘어나거나 줄어드는 것을 관찰해보면 꽤 재미있다. 생각해보니 나는 108페이지에서 다룬 **지수적 증가**를 일찌감치 전자계산기로 익혔는지도 모른다.

심심풀이로 가지고 놀다가, 문득 이 기능이 간단한 '카운트'로 쓸 만하다는 생각이 들었다.

을 입력하고, '='을 계속 누르면 숫자는 2, 3, 4, 5로 늘어난다. 그렇기 때문에 표시된 숫자에서 1을 빼면 '='을 누른 횟수가 된다.

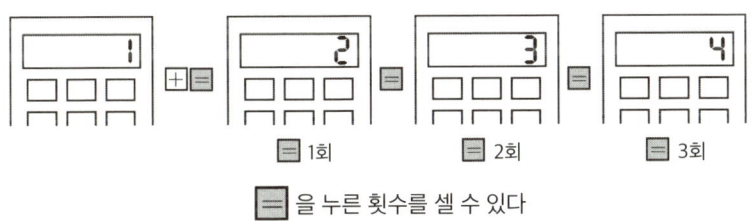

을 누른 횟수를 셀 수 있다

분명히 어딘가 써먹을 수 있을 거란 생각과 함께 내 머릿속에 번뜩이는 아이디어가 떠올랐다. 마침 그 무렵 게임의 세계에서는 '다카하시 메이진 16연사(高橋名人の16連射)'가 화제를 불러일으키고 있었다. 다카하시 메이진은 당시 아이들 사이에서 절대적인 인기를 누리던 게임 이름이다. 여기서 '16연사'란 손끝으로 테이블을 톡톡 쳐서 일으킨 미세한 진동으로 1초에 버튼을 16회나 누를 수 있는 전설의 기술이다. 당시 초등

학생들은 저마다 이 필살기를 동경해 따라 하고 싶어 했다.

그런데 1초 동안 연사 횟수를 측정할 방법이 없다는 게 문제였다. 이때 전자계산기의 카운트가 구원 투수로 등판한다.

경기자는 전자계산기에 미리 '1+'를 누르고 대기한다. 심판이 시작 사인을 하면, 경기자는 '=' 버튼을 연사로 누르기 시작한다. 10초 후 심판이 스톱이라고 외치면 경기자는 연사를 멈춘다.

이때 전자계산기에 표시된 숫자가, 가령 63이라고 한다면 10초 동안 63-1=62회 버튼을 누른 것이 된다. 그래서 1초 동안의 연사 횟수를 계산하면 '62÷10=6.2'가 된다.

내가 발명한 이 놀이는 학교에서 붐을 일으켰고, 일개 전자계산기가 패미컴을 한 방 먹인 역사적 순간을 맛보았다.

이후 반 친구들이 너도나도 학교에 전자계산기를 들고 오는 바람에 얼마 못 가서 금지되었지만 말이다.

# 전자계산기로 들여다본 무한의 세계

 나만의 패밀리 컴퓨터, 즉 전자계산기에 얽힌 이야기를 좀 더 해보려고 한다. 전자계산기 놀이에 푹 빠져 있던 초등학생 시절의 나는 '나누기 버튼(÷)'이 다른 버튼과는 약간 다르게 느껴졌다. 금단의 문을 여는 스위치 같다고나 할까? 예를 들어,

$$1 \div 3$$

을 입력하면,

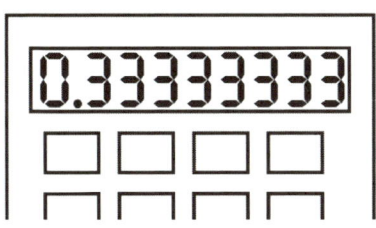

으로, 갑자기 숫자판에 3이 끝도 없이 등장한다. 그때까지 침착하게 냉정을 유지하던 컴퓨터가 발작이라도 일으킨 것 같아서 섬뜩하기까지 했다. 이 3의 정체를 알게 된 것은 초등학교 고학년이 되어서였다. 1을 3으로 나누면 소수점 뒤에 3이 '무한으로 반복'하는 수, 이른바 ==무한(순환)소수==가 된다는 것을 알게 된 무렵이었다.

아직까지도 기억나는 무한순환 소수와 전자계산기에 얽힌 이야기가 있는데, 당시에 어느 텔레비전 교양 프로그램에서 전자계산기의 속임수를 다룬 적이 있다. 전자계산기에,

을 입력한다. '1을 3으로 나누고 다시 3을 곱하는' 계산식이다. '3으로 나누었다가 다시 3을 곱하는' 것이기 때문에 어떤 계산도 일어나지 않는 것과 마찬가지라서 당연히 결과는 다시 1이 되어야 하지만, 전자계산기에 표시된 숫자는 0.99999…였다.

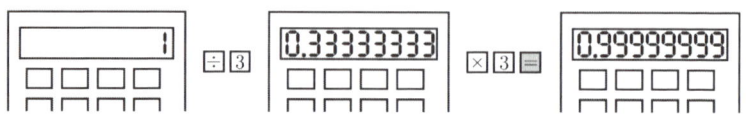

어째서 숫자가 조금 줄어들었을까? 텔레비전 프로그램에서는 그 이유를 다음과 같이 설명했다. 1을 3으로 나눈 결과를 소수로 나타내면

0.3333…으로 3이 무한으로 계속되는 수가 된다. 하지만 전자계산기에서는 제한된 자릿수만 표시되기 때문에 표시할 수 없는 끝수를 잘라버린다.

끝자리를 버림으로써 당연히 숫자는 조금 작아진다. 이 상태에서 3을 곱한 것이기 때문에 1보다 작은 수가 되어버리는 것이다.

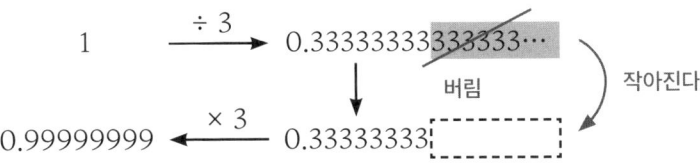

확실히 설득력이 있고, 틀린 말도 아니다. 하지만 잘 생각해보면 이해할 수 없는 구석이 있다. 여기서는 버림이 문제였으니, 만약 '무한의 항수를 표시할 수 있는 전자계산기'가 있다면 해결되는 것 아닌가!

0.3333…

으로 3을 무한으로 표시할 수 있다 하고 3을 곱하면,

0.9999…

마찬가지로 9가 무한으로 반복되므로 1에 도달하지 못하는 것은 아닐

까? 결국 근본적인 문제는 해결되지 않은 것 같았다.

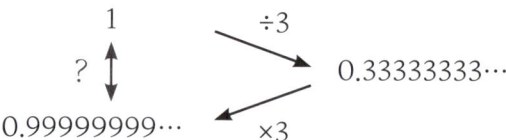

나에게는 이 답답함이 오랫동안 남아 있었다. 제대로 해결하기 위해서는 고등학교의 무한급수, 즉 '무한한 수의 합'을 배울 필요가 있었다. 결론부터 말하자면,

$$0.9999\cdots$$

는 '1보다 작은' 수도 '1에 가까운 수'도 아닌 틀림없는 '1 그 자체'다. 다시 말해,

$$1=0.9999\cdots$$

라는 등식이 성립된다.

이것은 69페이지 '쓰레받기와 쓰레기' 이야기와 연결된다. 쓰레받기에 쓰레기를 쓸어 담을 때 90퍼센트는 쓰레받기에 담기고, 나머지 10퍼센트는 바닥에 남는다. 이를 반복하면 1의 쓰레기가 무한으로 분할된다는 것과 같은 논리다.

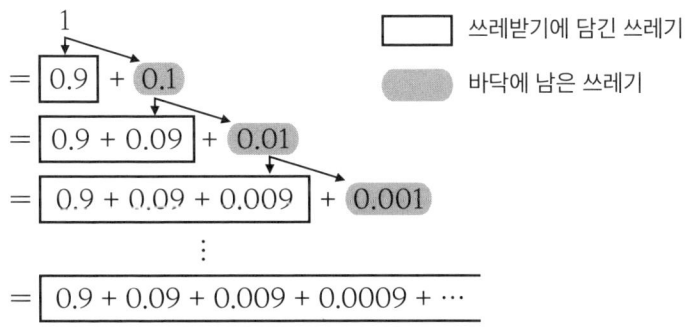

다시 말해 1을,

$$1=0.9+0.09+0.009+0.0009+\cdots$$

라는 무한의 합으로 나타낼 수 있다는 의미다. 위의 우변을 소수로 나타내면,

$$1=0.999999\cdots$$

가 되는데, 앞서 제시한 식과 같다. 이것으로는 여전히 개운하지 않을 여러분을 위해서 (실제로 찜찜하다) 0.99999…가 확실히 1이라는 사실을 반박할 수 없는 논리로 증명해보이려 한다.

여기서는 '배리법'으로 설명하겠다.

먼저 0.99999…가 '1보다 작다'고 가정하고 이 수를 수직선상에 두면, 1보다 '약간 왼쪽'에 온다. 즉 1과 0.99999… 사이에 약간의 '간격'이 생긴다.

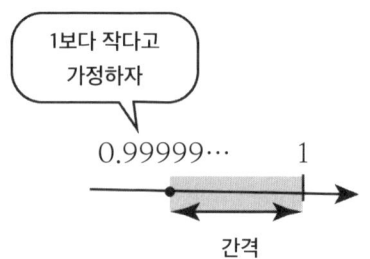

한편,

0.9, 0.99, 0.999, 0.9999…

와 같이 0 뒤에 9를 하나씩 붙여 나간 수를 생각해보자. 1과의 차이는 0.1, 0.01, 0.001, 0.0001로 점점 줄어든다.

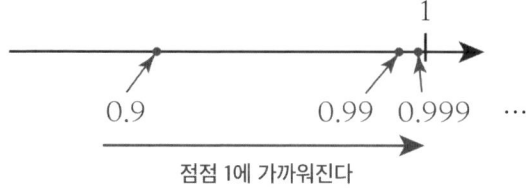

그러다 보면 언젠가는 반드시 이 '간격'을 다 메우게 마련이다. 가령, 0 뒤에 9가 100개 붙은 수,

$$0.\underbrace{999\cdots9}_{100개}$$

가 앞의 간격에 들어갔다고 해보자.

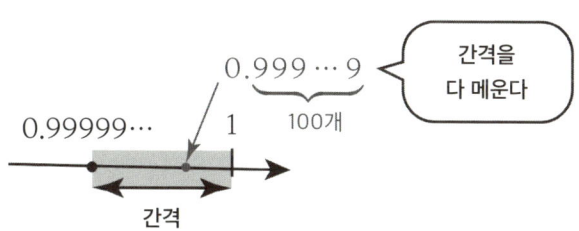

이때, 다음의 대소관계가 성립한다.

$$\underbrace{0.999\cdots}_{무한개} < \underbrace{0.999\cdots9}_{100개}$$

그런데 이상하다. 좌변은 9가 '무한개', 즉 '100개보다 많기' 때문에 좌변이 우변보다 작다는 것은 말이 되지 않는다.

아니, 이 간격이 훨씬 작다고 주장해도 이야기는 같다. 9가 100개로 부족하면 1,000개, 1만 개로 늘리면 결국 이 간격에 딱 떨어지는 숫자가 나오게 마련이다. 그때 나열된 9의 개수는 어차피 '유한'개. 9가 '무한' 개 이어지는 것보다 커질 수 있는 방법은 없다.

즉, **이 모순은 간격을 아무리 작게 설정해도 풀리지 않는다.**

모순을 해결하는 방법은 단 한 가지! 간격 따위는 필요 없는, 다시 말해 0.9999…는 1임을 인정하는 것이다. 이걸로 증명을 마치겠다.

무한이란 꽤 성가시고 괴상한 존재다. 무한이라는 말이 앞에 나와버리면 우리는 속수무책으로 속아 넘어간다. 그렇기 때문에 수학자는 논리라는 무기를 연마하여 무한과 싸워 나간다.

생각해보니 내가 무한을 처음 의식한 것은 전자계산기에 쭉 나열된 3을 보았을 때가 아닐까? 그러니까 '÷'가 금기의 문을 여는 스위치라는 말이 아주 틀린 것도 아니다.

심연을 들여다보면 심연도 나를 들여다본다는 말이 있다. 초등학생 때 보았던 전자계산기의 작은 숫자판에서 무한이라는 심연이 확실히 나를 보았던 것이다. 이러니저러니 해도 나는 수학의 세계로 들어왔고, 지금껏 그 무한의 바다에 매료되어 살아가고 있다.

# 복사 용지의 비밀

　비행기나 배가 멋진 모습을 갖춘 것은 '멋있게 만들려고 해서'가 아니라 '하늘을 날고', '바다를 항해해야 하는' 이유 때문이다. 먼저 실용적인 요구가 존재하고, 그 다음 이를 충족하기 위해서 최적의 형태를 연구하게 된다.
　이런 식으로 도출된 결과 앞에서 사람들은 저절로 훌륭하고 멋있다고 느낀다. 세계적인 육상 선수의 몸놀림이나 야생동물의 자태가 근사해 보이는 것 또한 거기에 일체의 군더더기가 없는 '실용의 미'가 있기 때문일 것이다.
　자, 이번에는 우리와 아주 가까이 있는 '직사각형' 물건에 대해 생각해 보자. 노트나 복사 용지로 친숙한 'A4', 'B5'라 불리는 규격 종이가 있다. 사실 복사 용지는 짧은 변과 긴 변의 비율이 거의 1:1.414다.

무수히 많은 가로세로 비율 중에서 왜 하필 이 비율일까? 여기에도 나름의 이유가 있다.

먼저, 같은 크기의 종이가 여러 장 필요할 때, 어떻게 하는 것이 가장 편리할까? 아마도 큰 종이 한 장을 가지고 다음 그림처럼 2등분, 4등분, 8등분해서 자르는 방법이 가장 빠를 것이다. 실제로 복사 용지도 이렇게 일정한 크기의 종이에서 여러 크기의 종이를 잘라낸 것이다.

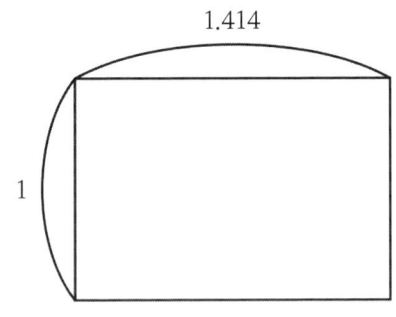

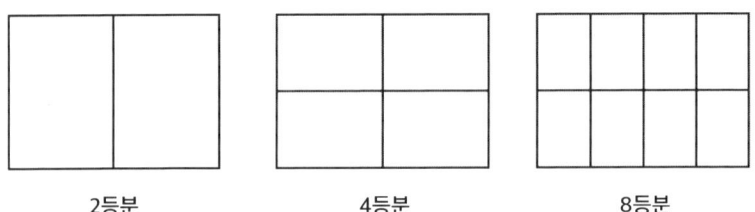

하지만 이때 문제가 있다. 보통은 종이를 2등분하면 가로세로 비율이 달라진다.

199페이지 그림처럼 짧은 변과 긴 변의 비율이 4:5인 종이가 있다. 이 종이를 긴 변을 중심으로 2등분하면, 짧은 변과 긴 변의 비율은 5/2:4=5:8이 되어 원래보다 가로가 길어진다.

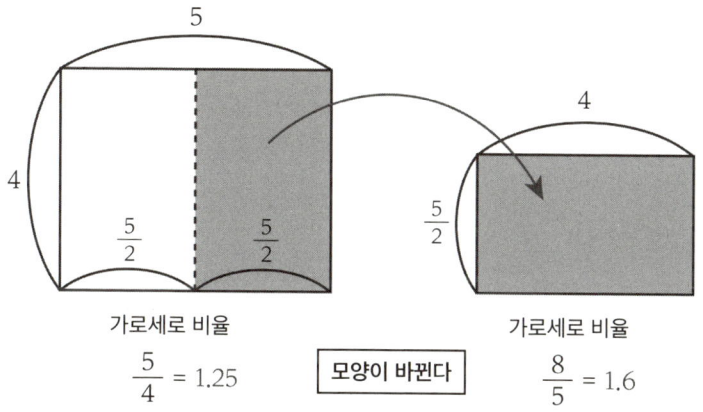

특정 사이즈로 인쇄된 것을 확대 또는 축소 복사하고 싶은데, 복사 용지의 비율이 맞지 않으면 아주 불편하다. 이런 이유에서 복사 용지는 **'반으로 나누어도 가로세로 비율이 보존되어야 한다'**는 실용상의 요구가 따라온다.

사실, 이 요구를 충족하는 단 하나의 직사각형 비율이 존재하는데, 바로 앞서 언급했던 비율이다.

$$1 : 1.414$$

어디 실제로 검증해보자. 긴 변을 기준으로 직사각형을 이등분하면, 짧은 변과 긴 변의 비율이 $1.414/2 : 1 = 0.707 : 1$이 된다. 계산하면, 원래의 직사각형과 (거의) 같은 비율이 된다.

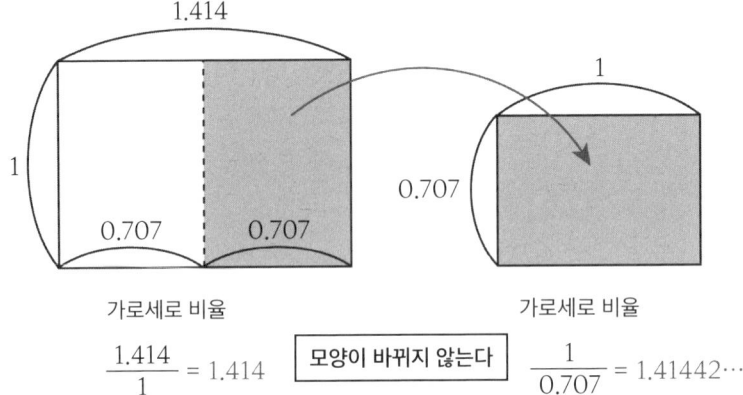

참고로, 여기서 1.414는 수학적으로 '2번 곱하면 2가 되는 수'다. 실제로 계산해보면 다음과 같이 된다.

$$1.414 \times 1.414 = 1.999396 ≒ 2$$

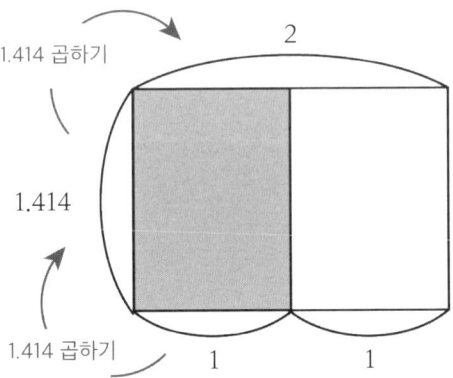

'두 번 곱하면 2가 되는 수'를 수학에서는 √2로 표시한다. 더 정확하게 나타내면 다음과 같다.

$$\sqrt{2} = 1.41421356\cdots$$

소수가 무한으로 이어지는 숫자가 등장한다. 여기서 핵심은 위와 같은 논리나 루트 계산법을 전혀 몰라도, 복사 용지의 최적화된 형태를 연구하다 보면 시행착오 끝에 반드시 이 비율에 도달하게 된다는 것이다.

앞에서 언급했듯이 복사 용지의 모든 사이즈는 커다란 종이 한 장에서 잘라낼 수 있다.

이때 사용되는 '가장 큰 종이'는 국제 규격의 A0와 B0다. B0는 짧은 변의 길이가 정확히 1m(=1,000mm)인 1:1.414 비율의 직사각형이다. A0 사이즈는 B0를 0.841배(B0는 A0를 1.189배)한 것이다.

A0 용지를 절반씩 나눈 것이 A1, A2, A3······이고, B0를 절반씩 나눈 것이 B1, B2, B3······다.

의문스러운 것은 A0와 B0의 비율인 1.189의 정체다. 이것 역시 명백한 수학적 근거가 있다. 1.189를 2승한다.

$$1.189 \times 1.189 = 1.413721 ≒ 1.414$$

여기서 앞의 √2가 다시 등장한다. **즉 1.189는 '두 번 곱해서 √2가 되는 수($\sqrt{\sqrt{2}}$)'다.** A와 B 용지의 비율을 이렇게 취하고 AB 규격의 종이를 크기 순서대로 배열하면 다음 그림처럼 모두 등배(같은 배율)로 나열된다.

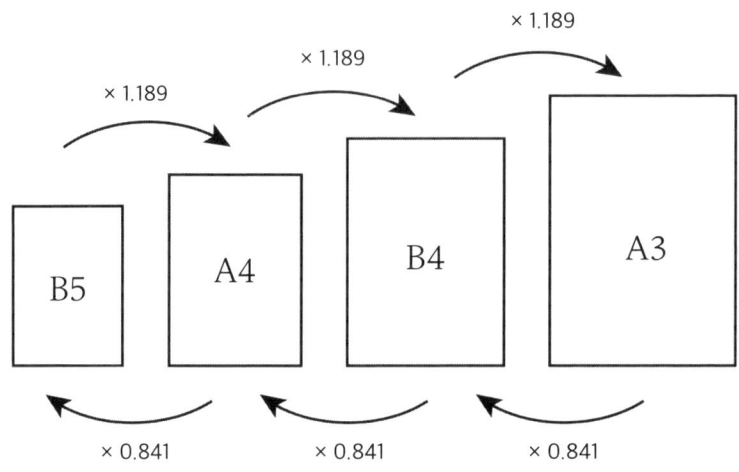

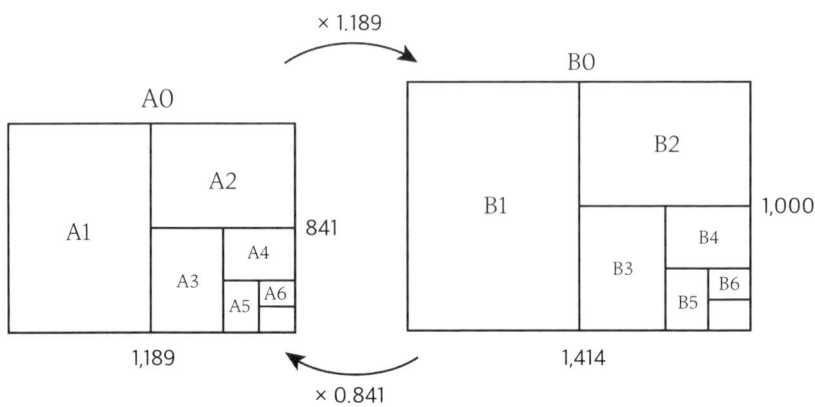

이렇게 되면 배율을 변경하지 않고도 B5에서 A4로, A4에서 B4로 확대 복사가 가능하다. 그러므로 이 비율 역시 실용상의 요구에 의해 도출된 합리적인 숫자라는 것을 알 수 있다.

그냥 흘려버리기 쉬운 일상 속의 물건들이 지금의 생김새를 가진 데는 나름의 이유가 있고, 이를 뒷받침하는 숫자가 있다는 사실이 새삼 놀랍다.

# '황금비율'이라는 말의 착각

종이접기를 하고 싶은데 정사각형 종이가 없다면, 복사 용지를 정사각형으로 잘라서 사용해도 된다. 먼저 종이를 삼각형이 되도록 접은 다음, 삼각형의 변을 따라서 오려내면 정사각형이 완성된다.

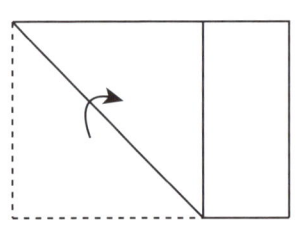 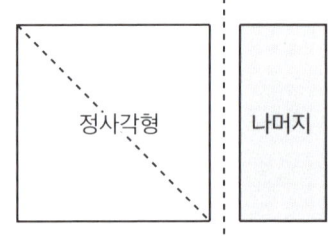

여기서 정사각형을 오려내고 '남은 종이'에 주목하자. 이 '남은' 직사각형은 맨 처음 종이보다 세로로 길다.

문득 이런 생각이 스쳤다.

'정사각형을 오려내고 남은 직사각형을 원래 직사각형과 같은 비율이 되도록 할 수는 없을까?'

결론부터 말하자면, 가능하다. 그러려면 복사 용지보다 더 좁고 긴 형태, 즉 변의 비율이 '1 : 1.618'인 직사각형이 있어야 한다. 다음 그림에서 확인해보자.

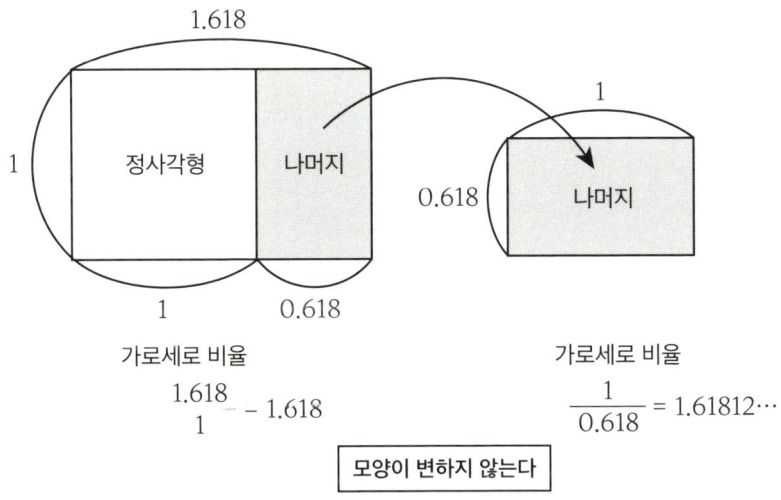

정사각형을 오려내고 남은 직사각형이 원래 직사각형과 같은 비율이기 때문에, 거기서 또 정사각형을 오려냈을 때 남은 직사각형 역시 원래 직사각형과 비율이 같다. 다시 말해, 다음 그림처럼 이 직사각형에서는 계속해서 정사각형을 오려낼 수 있다.

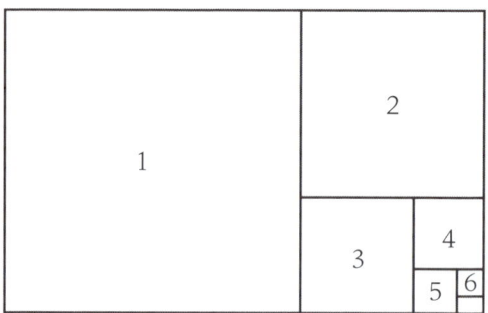

여기서 1.618이라는 비율은 정확히 '**1.6180339887……**'이다. 어디선가 본 수와 같지 않은가? 맞다. 피보나치 수열 '1, 1, 2, 3, 5, 8, 13, 21……'에서 이웃한 숫자와의 비율을 계산했을 때 점점 근접해 갔던 수치와 같다(120페이지 참조).

이 비율을 **황금비율**이라고 하며, 위와 같이 가로세로 비율이 황금비율인 직사각형을 **황금 직사각형**이라고 한다.

피보나치 수열과 이 불가사의한 직사각형은 어떤 연결성이 있을까? 지금부터 그 관계를 파헤쳐보자.

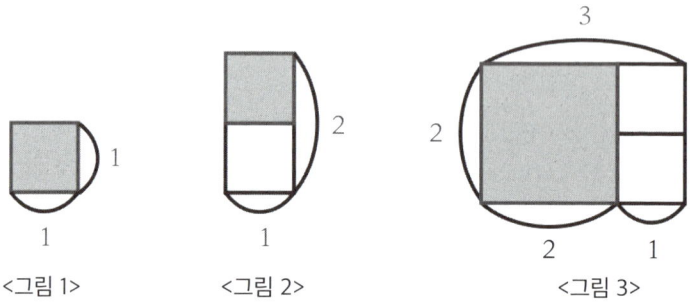

&lt;그림 1&gt;　　　&lt;그림 2&gt;　　　&lt;그림 3&gt;

우선, 그림 1과 같이 1×1의 정사각형이 하나 있다. 그 위에 정사각형을 쌓아 올려서 1×2의 직사각형이 되게 한다(그림 2). 다음으로 왼쪽에 정사각형을 붙여서 2×3의 직사각형을 만든다(그림 3).

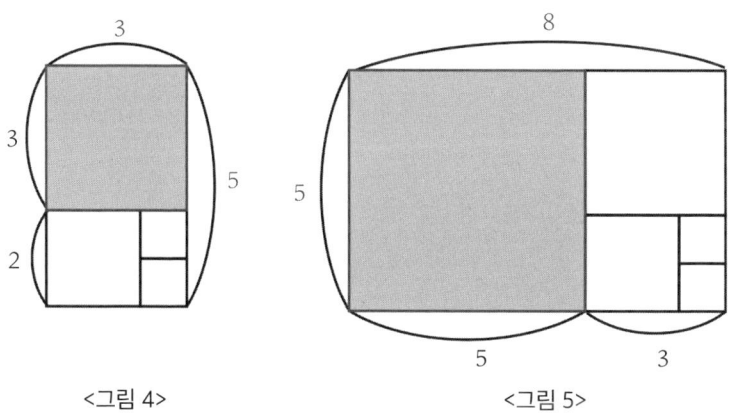

<그림 4>          <그림 5>

이처럼 '위'와 '왼쪽'순으로 번갈아 가며 정사각형을 붙여 나가면 차례차례 새로운 직사각형이 만들어진다.

여기서 주목할 것은 새로 만들어진 직사각형에서 '짧은 변'의 길이는 이전 직사각형의 '긴 변'의 길이와 같고, '긴 변'의 길이는 이전 직사각형의 '짧은 변과 긴 변을 합한 것'이 된다.

예를 들면, 그림 3의 직사각형(짧은 변 2, 긴 변 3)에 정사각형을 연결하면 짧은 변의 길이는 3, 긴 변의 길이는 2+3=5가 된다(그림 4). 또 여기서 정사각형을 연결하면 짧은 변의 길이는 5, 긴 변의 길이는 3+5=8이 된다(그림 5).

눈치챘겠지만, 이렇게 차례차례 얻어지는 변의 길이는 피보나치 수열에서 서로 이웃한 두 수로 구성된 직사각형이다.

1, 1, 2, 3, 5, 8, 13, 21, ……

사실, 이 직사각형의 형태는 점점 황금 직사각형에 가까워진다. 앞의 방법으로 정사각형 6개를 연결하면 아래의 왼쪽 그림과 같다. 13×21 직사각형이다.

한편, 오른쪽 그림은 황금 직사각형에서 6개의 정사각형을 오려낸 것이다.

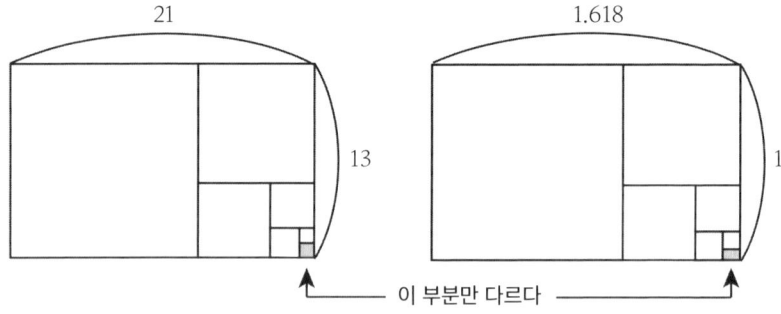

두 그림이 많이 닮아 있다는 것을 알아차렸을 것이다. 한 가지, 오른쪽 아래의 작은 사각형이 하나는 직사각형이고 하나는 정사각형이라는 게 다른 점이다. 그러나 미미한 차이에 지나지 않는다. 재미 삼아 왼쪽 직사각형 가로세로 변의 비율을 계산해보면,

$$\frac{21}{13} = 1.615\cdots$$

이다. 작은 두 직사각형의 비율이 거의 비슷하다는 것을 알 수 있다. 이 오차는 정사각형의 개수가 늘어날수록 점점 줄어든다.

피보나치 수열에서 뒤로 갈수록 이웃한 숫자와의 비율이 황금비율에 가까워지는 것도 이와 같은 이유다.

여기서는 '정사각형을 붙여 나가는' 과정을 그림 1의 1×1 정사각형에서 시작했지만, 반드시 정사각형일 필요는 없다. 직사각형에서 시작해도 '정사각형을 붙이는' 과정을 반복해 나가면 결국 이 황금 직사각형에 이르게 된다.

그런 점에서 보더라도 상당히 보편적인 형태라는 사실을 알 수 있다. 복사 용지의 멋들어짐은 '기능미'에 있지만, 황금 직사각형에서는 일종의 '형식미'가 느껴진다.

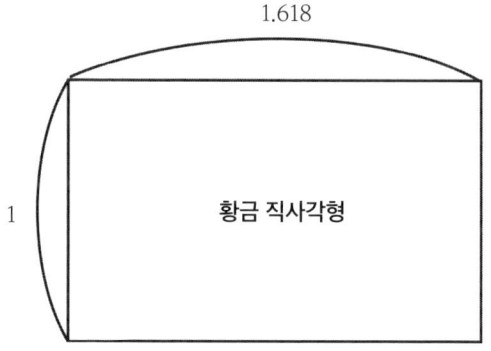

황금비율은 의심의 여지 없이 아름답고 신비로운 비율이지만, 어감이

강해서인지 황금비율에 과도한 의미를 부여하는 경향이 있는 것 같다.

이럴 때마다 빠지지 않고 등장하는 것이 '**황금비율은 사람이 시각적으로 가장 아름답게 느끼는 직사각형이다**'라는 말이다.

여기에 대해서는 과학적인 근거가 부족하고 그저 속설에 지나지 않는다는 것이 대부분의 견해다. 파르테논 신전과 피라미드 같은 고대 건축물이 가로세로 황금비율로 설계되어 있다는 둥, 사람의 '머리끝에서 배꼽까지의 거리'와 '배꼽에서 발끝까지의 거리'의 비율이 황금비율이라는 둥 잡다한 이야기가 많이 떠도는데, 이 또한 신빙성이 없다.

원래 5:3이라는 비율은 세상에 넘쳐나고, 그것을 황금비율에 얹어 가려 들면 어느 것 하나 해당하지 않는 게 없을 것이다.

급기야 '맛있는 불고기 양념을 만드는 간장과 맛술의 황금비율'이라든지, 얼굴이 이마 끝에서 눈썹, 눈썹에서 코끝, 코끝에서 턱까지 정확히 삼등분되는 것이 미인의 황금비율 조건'이라는 말까지 등장했다.

이렇게 되면 대체 '황금비율이 뭐였더라?'가 된다.

수학자는 어느새 수학의 테두리를 벗어나 왠지 과도한 부담을 떠안게 된 '황금비율'을 그저 물끄러미 바라볼 수밖에 없는 노릇이다.

## 마음을 쿵 내려앉게 만드는 '섬뜩함의 계곡'

 아름다움을 느끼는 요건은 여러 가지가 있겠지만, 사람들은 '규칙성이 있는 것을' 볼 때 아름답다고 여기는 것이 아닐까 싶다.
 어쩌다 시간을 확인하려고 디지털 시계를 봤는데 '12:34'라는 숫자가 뜨면 약간 행복해진다든지, 이제 막 개봉한 트럼프 카드의 그림과 숫자가 순서대로 잘 정리되어 있으면 왠지 섞기가 아쉽다.
 그렇다고 '규칙성이 없는 것'에서는 아름다움을 느끼지 못하느냐 하면 그것도 아니다.
 다음 페이지의 A 디자인은 규칙성이 있어서 아름답고, B 디자인은 '전혀 규칙성이 없어서' 마찬가지로 아름답다. '완전한 무작위'라는 것도 어떤 의미로는 하나의 질서이기 때문이다.

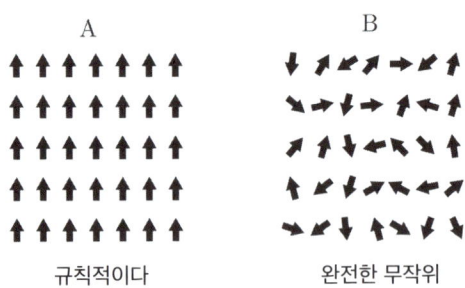

규칙적이다 　　　　　 완전한 무작위

생각건대, 사람의 기분을 가장 묘하게 만드는 것은 규칙 속에 '약간'의 불규칙이 섞여 있는 상태가 아닐까? 오른쪽과 같은 디자인을 본다면, 비스듬히 기울어져 있는 화살표를 똑바로 세우고 싶어 몸이 근질근질할 것이다.

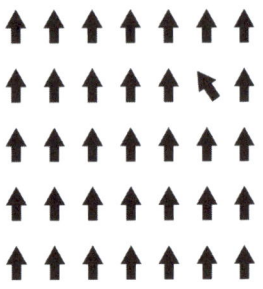

로봇 공학에는 **'섬뜩함의 계곡'**이라 불리는 현상이 있다. 사람들은 로봇의 얼굴이 사람과 닮아 갈수록 친밀감을 경험하다가 어느 순간 섬뜩함을 느끼게 된다.

닮기는 닮았지만 어딘가 다르다. 완벽해 보여도 뭔가 부족하다. 언제나 사람의 마음을 쿵 내려앉게 만드는 것은 '완벽함에서 약간 벗어난 상태'다. 계산서에 10,001엔이 찍혀 있거나, 보려고 모아둔 미니 시리즈 드라마에서 딱 한 편만 빠져 있다거나, 흠잡을 데 없이 완벽한 꽃미남인데 코털 하나가 콧구멍 밖으로 삐져나와 있을 때 가해지는 정신적 타격은 '완전히 엉망'일 때보다 몇 배나 크다.

자, 이번에는 이와 비슷한 느낌을 불러일으키는 '어떤 수'에 대해 이야기해보자. 여기에도 전자계산기가 등장한다.

먼저, 전자계산기 1 버튼을 정확히 아홉 번 누른다.

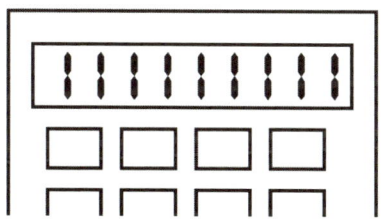

이 수는 9로 나눌 수 있다. 여담인데, 어떤 정수(整數, 자연수와 0, 그리고 자연수에 -기호를 붙인 수를 부르는 명칭으로 -기호를 붙인 수를 음의 정수라 하고 자연수는 양의 정수라고도 한다-옮긴이)가 9로 나눌 수 있는지 판별하려면, '각 자릿수를 모두 더한 수가 9로 나눠지는지' 살펴보면 된다.

위의 경우에서 각 자릿수의 합은,

$$\underbrace{1 + 1 + \cdots + 1}_{9개} = 9$$

로, 9로 나누어지기 때문에 원래 수도 9로 나눌 수 있다. 자, 그럼 실제로 해보자.

결과는 다음과 같다.

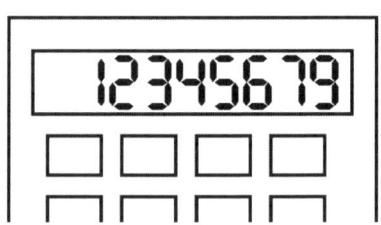

　순간, 찜찜한 기분이 들어서 눈을 크게 뜨고 전자계산기를 다시 보았다. 1부터 순서대로 규칙성 있게 숫자가 나열되는가 싶더니 '8'만 쏙 빠져 있는 게 아닌가!

　이것이 바로 '섬뜩함의 계곡'이다. 숫자는 깔끔하게 나누어졌을지 몰라도 기분은 아주 꺼림칙하다.

　나는 초등학교 수학 시간에 이 수를 처음 만났다. 선생님은 우리에게 이 '12345679'를 공책에 적게 한 다음, '다시 아홉 배 해보라'고 하셨다.

　선생님은 다시 1이 9개 나열되는 것을 보고 아이들이 탄성을 자아낼 것으로 기대하셨겠지만, 나는 전혀 개운하지 않았다.

　어째서 8만 쏙 빠져버린 것일까? 선생님께 물어보아도 '원래 그런 것이다'라고만 하실 뿐 설명을 자세히 해주시지는 않았다.

　'원래 그런 것'이 대체 무엇이란 말인가! 1에서 7까지 순서대로 나열된 것은 그저 우연일까? 그렇다고 하기에는 아주 질서정연하다. 여기에는 뭔가 숨은 이유가 있는 것이 틀림없다.

　그렇다면 왜 '8' 차례에서 질서가 무너진 것일까? 숫자가 이런 변덕을 부리다니, 이상하기 그지없다. 결국 그냥 찜찜한 채로 넘어갔다.

그런데 책을 집필하다가 불쑥 그 기억이 튀어나왔다. 지금의 나는 그때의 나에게 어떤 설명을 해줄 수 있을까?

이런저런 생각이 들던 중 놀라운 사실을 발견했다. 규칙성이 미세하게 망가져 보이는 이 수에 사실은 굉장히 아름다운 규칙성이 들어 있던 것이다. 단지 가려져 보이지 않았을 뿐이다.

그것을 끄집어 낼 수 있는 열쇠는 '전자계산기로 들여다본 무한의 세계'(189페이지)에서 설명한 **'무한소수'**다.

먼저 숫자 '111111111'을 다음과 같이 나누어 보자.

111111111 =
100000000 + 10000000 + 1000000 + 100000 + 10000 +
1000 + 100 + 10 + 1

이번에는 '111111111'을 9로 나눌 차례인데, 다음과 같이 우변의 모든 수를 9로 나눈다.

$$\frac{111111111}{9} = \frac{100000000}{9} + \frac{10000000}{9} + \cdots + \frac{100}{9} + \frac{10}{9} + \frac{1}{9}$$

이 식의 우변을 오른쪽부터 살펴보면, 1/9에서 시작해서 10/9, 100/9……이런 식으로 바로 앞에 있는 수에 10을 곱한 수가 순서대로 나열된다는 점을 명심하자.

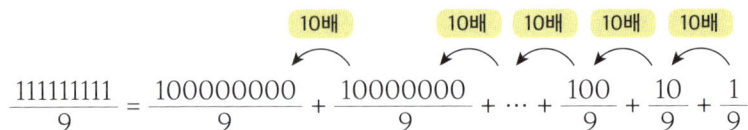

$$\frac{111111111}{9} = \frac{100000000}{9} + \frac{10000000}{9} + \cdots + \frac{100}{9} + \frac{10}{9} + \frac{1}{9}$$

이제 계산을 소수로 바꿔보자. 1/9은,

$$\frac{1}{9} = 0.111111\cdots$$

로, 1이 무한으로 이어지는 무한소수가 된다. 10/9은 여기에 10을 곱한 것으로 소수점이 오른쪽으로 하나 밀려나,

$$\frac{10}{9} = 1.111111\cdots$$

이 되고, 100/9은 소수점이 또 하나 오른쪽으로 밀려나,

$$\frac{100}{9} = 11.111111\cdots$$

이 된다. 이런 식으로 아홉 번 반복한 다음 세로로 줄을 세워서 모두 더해보자.

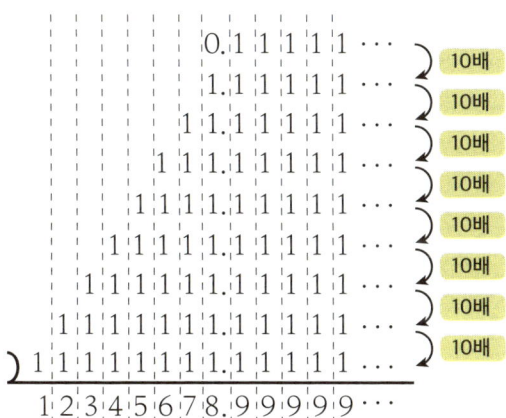

　더 이상의 설명은 필요 없을 것이다. 위의 그림에서 쌓여 있는 1의 개수를 보면 왼쪽부터 '1개', '2개', '3개'……로 늘어난다. 따라서 이것을 더하면 1, 2, 3……으로 늘어난다. 모두 더한 수를 자릿수로 나타내면 다음과 같다.

12345678.99999…

　엉겁결에 무릎을 탁 쳤다. 이렇게 '섬뜩함의 계곡'의 마법이 풀렸다. 이 1에서 9까지 깔끔하게 나열된 무한소수. 사실 이것은 12345679의 참모습인 셈이다.
　어라? 어째서 이 둘이 같은 수가 되는 거지? 생각한 사람은 "황금비율'이라는 말의 착각'(204페이지)에서 설명한 '0.999999…=1'의 관계식을 떠올려보기 바란다. 다음 식과 같이 **소수점 이하 0.999…는 1이 되어 위로 올라가면서, 9가 1의 자리에 있던 8을 덮어쓴다.** 이것이 바로 8이 사라지는 이유다.

$$12345678 + 0.99999\cdots$$
$$= 12345678 + 1$$
$$= 12345678 + 1$$
$$= 12345679$$

무한소수 형태로는 말끔하게 성립된 규칙성이 유한소수로 바뀌면서 조금 왜곡이 일어난다. 나는 이 왜곡을 본 것이다.

다시 '12345679'를 보자. 마치 인간으로 둔갑하려다 무심코 꼬리를 드러내버린 너구리 유령처럼 귀엽지 않은가!

이 결과를 초등학생 시절의 나에게 알려주고 싶다.

아니, 그러지 않는 편이 낫겠다. 소년에게는 몇 십 년이 지나서 그 찜찜함을 스스로 해결하고 난 후 희열을 맛볼 권리가 충분히 있으니까.

# '알지 못한다'는 자세가 과학을 움직인다
## - 후기를 대신하여 -

    몇 년 전 여름, 택시를 타고 가는데 라디오에서 AM방송이 흘러나왔다. 마침 여름방학 특집으로 진행되어 '아이들의 궁금증에 전문가 선생님이 답하는' 내용으로 진행되었다.

    아이들과 선화가 연결되면 선생님이 아이들 수준에서 이해하기 쉽게 친절히 대답해 주었다. 마지막에 여성 진행자가 'OO야, 잘 알겠니?' 하고 물으면 아이는 '네, 잘 알겠어요!' 하고 힘차게 대답했고, 이것이 그 아이와 통화를 마치는 신호가 되는 것 같았다.

    꽤 재미있게 듣고 있었는데, 네 살 여자아이와 전화가 연결되었다.

    그 아이는 '어째서 바닷물은 늘어났다 줄어들었다 하는 거예요?'라고 질문했다.

    선생님은 아이가 이제 네 살이라는 걸 감안하여 최대한 쉬운 단어로 기본적인 원리를 설명했다. 풍선이라든지 줄다리기의 예를 잘 섞어 가면서 알려주었지만 아무리 설명해도 여자아이는 '잘 알겠니?'라는 질문에 자꾸만 '모르겠어요'라고 대답하는 게 아닌가!

선생님이 요점을 잘 정리해서 설명했지만 여자아이는 도무지 무슨 소리인지 알아듣지 못하는 눈치였다.

결국 여자아이는 통화를 매듭짓는 '잘 알겠니?'라는 진행자의 질문에 궁금증만 더 커진 채 기어들어가는 목소리로 '네……' 대답하고는 전화를 끊었다.

그 즈음 택시가 목적지에 도착하는 바람에 방송이 어떻게 이어졌는지 모른다. 하지만 나는 뜬금없이 그 여자아이에게서 동질감을 느꼈다.

물론, 그 아이가 초등학교 고학년이었다면, '달의 인력이 바닷물을 끌어당긴다'는 설명도 충분히 받아들일 수 있었을 것이다. 그리고 어쩌면 '조수 간만의 차'라는 현상에 대해 특별히 의문을 품지 않고 커 갔을지도 모르겠다.

하지만 나는 아무리 생각해도 아이들이 이 설명에 더 이상 다른 궁금증을 가지지 않고 '네, 잘 알겠어요'라고 대답해버린다면 상당히 심란할 것 같다.

떨어져 있는 물체가 줄다리기하듯이 서로 끌어당기는 개념을, 아직 네 살배기 여자아이의 세계관으로는 이해하지 못하는 것이 오히려 당연하다.

어떤 의미에서는, 세상을 나름대로 올바로 인식하고 있다는 증거이기도 하다. 우리는 어느 사이엔가 '지구와 달이 서로 당기고 있다는' 사실을 알고 있다. 하지만 어느 정도 이해하고 있는지 묻는다면, 실제로는 전혀 모르고 있는 것일지도 모르겠다.

'그 정도는 상식입니다'라고 교과서에서 배운 대로 외워서 말할 뿐이다. '네, 잘 알겠어요'라는 말은 알게 된 지식에 나의 세계관을 접목시키는 참으로 용이한 표현이다.

일본인의 노벨상 수상 소식이 있을 때마다 방송에서는 그 사람의 연구 업적을 자세히 설명해 준다. '용어가 어려워서 전혀 이해할 수 없네요.' 하고 웃으면서 난감해하는 앵커에게, 어떤 과학자가 이렇게 말했다고 한다.

==이해할 수 없는 것이 당연합니다. 하지만 지금의 이해할 수 없다는 그 기분을 계속해서 가져가는 것이 중요합니다.==

그렇다. 바로 이것이 아까 네 살 여자아이에게 전해주고 싶은 말이다. 휴대전화의 기능을 자유자재로 사용하는 사람들도, 휴대전화 뒷면 덮개를 열어서 속을 확인하는 순간 낯설어져 '알지 못한다'는 생각에 사로잡힌다.

보통은 거기서 괜히 열어봤다고 생각하고는 덮개를 덮어버린다. 그쪽이 훨씬 마음이 편할 것이다.

그런데 그렇게 속 편하게 살지 못하는 이들이 바로 과학자라는 사람들이다. 휴대전화 내부에 있는 작은 부품, 가령 콘덴서나 메모리, CPU 등의 역할을 대강 파악했더라도 콘덴서를 열면 또 다른 '알지 못한다'가 기다리고 있다.

다시 콘덴서 덮개를 열면 그 속에 전자가, 전자 속에는 소립자가, 덮개를 열면 열수록 계속해서 '알지 못한다'가 튀어나온다.

'알지 못한다'의 최전방에서 고군분투하는 사람이 바로 노벨상을 수상한 과학자일 것이다. 이렇듯 '알지 못한다'야말로 과학자를 움직이게 하는 원동력이고 '잘 알겠다'는 타협과도 같은 말이다.

갈릴레이도 뉴턴도 아인슈타인도, 위대한 과학자들은 모두 이 네 살 여자아이가 품었던 질문을 죽을 때까지 품은 채 어떤 경우에도 '네, 잘 알겠어요'라고 타협하지 않았던 사람들이 아닐까?

아인슈타인은 다음과 같은 유명한 말을 남겼다.

==' 인생을 살아가는 방식은 두 가지밖에 없다. 아무것도 놀랄 것이 없다고 생각하느냐, 아니면 모든 것이 놀랍다고 생각하느냐.'==

나는 후자이고 싶다.

이 책에서 내가 쓴 것들은 불완전한 나의 쌍안경으로 바라본 '광활한 수학이라는 바다의 극히 일부'에 지나지 않는다.

독자 여러분이 느꼈을 수많은 의문의 절반은 내 설명이 서툰 탓일 테고, 나머지 절반은 출구 없는 수학의 매력 때문일 것이다.

그러한 의문이 호기심의 싹을 틔워 드넓은 수학의 바다를 스스로 항해해 나가는 계기가 된다면 필자로서 더할 나위 없이 기쁘겠다.

## 참고 문헌

『방랑의 천재 수학자 에르되시 放浪の天才数学者エルデシュ』
- 폴 호프만Paul Hoffmann 저, 히라이시 리쓰코平石律子 번역(소시샤草思社)

『모두가 만족하는 케이크 나누기 규칙An Envy-Free Cake Division Protocol』
- 스티븐 J. 브럼스Steven J. Brams / 앨런 D. 테일러Alan D. Taylor

**지은이 이케다 요스케**(池田洋介)

수학강사 겸 공연자. 1975년생으로 교토에서 살고 있다.
교토대학교 수학과를 졸업했으며 가와이학원(河合塾)에서 수학을 가르치고 있다.
주변의 현상을 재미있는 이야기와 연결 지어 이해하기 쉬우면서도 본질을 꿰뚫어 알려주는 수업으로 학생들에게 큰 호응을 얻고 있다. 또한 저글링과 팬터마임 프로 공연자로 활동하면서 특유의 참신한 아이디어와 치밀한 구성으로 전 세계 사람들의 찬사를 받고 있다.
지은 책으로는 <수학Ⅰ·A 입문 문제정강(数学Ⅰ·A 入門問題精講)> <수학Ⅱ·B 입문 문제정강(数学Ⅱ·B 入門問題精講)> 등이 있다.

**옮긴이 김영란**

경희대학교 관광일본어통역학과를 졸업하고 중앙대학교 대학원에서 사회복지학을 전공했다.
옮긴 책으로는 <직장의 문제지도> <교황에게 쌀을 먹인 남자> <추억이 뭐라고> <토베 얀손: 창작과 삶에 대한 욕망> <로봇소년, 학교에 가다> <잘 갔다 와, 똥!> <공상 과학 탐험대> 등이 있다.

**일본 제작 스태프**

기획·편집 유메노셋케샤(夢の設計社)
디자인 고야마 다카고
DTP 일 플래닝

---

Original Japanese title:
OMOWAZU KOUFUN SURU! KOUIU SUGAKU NO HANASHI NARA OMOSHIROI
Copyright ⓒ 2020 Yosuke Ikeda
Original Japanese edition published by KAWADE SHOBO SHINSHA Ltd. Publishers
Korean translation rights arranged with KAWADE SHOBO SHINSHA Ltd. Publishers
through The English Agency (Japan) Ltd. and Danny Hong Agency

이 책의 한국어판 저작권은 대니홍에이전시를 통해 저작권자와 독점 계약한 (주)우듬지에 있습니다.
저작권법에 의하여 한국 내에서 보호를 받는 저작물이므로 무단전재와 무단복제를 금합니다.

---

웃으며 읽을 수 있는
# 마법의 수학

| | |
|---|---|
| 펴낸날 | 2021년 5월 25일 초판 1쇄 발행 |
| 지은이 | 이케다 요스케 |
| 옮긴이 | 김영란 |
| 펴낸이 | 김병준 |
| 펴낸곳 | (주)우듬지 |
| 주 소 | 서울특별시 강남구 논현로 71길 12 |
| 전 화 | 02)501-1441(대표) | 02)557-6352(팩스) |
| 등 록 | 제16-3089호(2003. 8. 1) |
| 편집책임 | 한은선        디자인  이수연 |
| ISBN | 978-89-6754-114-9  03410 |

• 잘못 만들어진 책은 구입하신 곳에서 바꾸어 드립니다.
• 책값은 뒤표지에 있습니다.